江苏省环境健康调查及风险评估体系建设研究

Research on the Construction of Environmental Health Investigation and Risk Assessment System in Jiangsu Province

主 编◎张 涛 单 阳 胡冠九

副主编◎王 湜 邓爱萍

河海大学出版社
HOHAI UNIVERSITY PRESS
·南京·

图书在版编目(CIP)数据

江苏省环境健康调查及风险评估体系建设研究／张涛，单阳，胡冠九主编；王湜，邓爱萍副主编． －－南京：河海大学出版社，2023.11

ISBN 978-7-5630-8371-8

Ⅰ．①江… Ⅱ．①张… ②单… ③胡… ④王… ⑤邓… Ⅲ．①环境监测－研究－江苏②环境质量评价－风险评价－体系建设－研究－江苏 Ⅳ．①X83②X820.4

中国国家版本馆 CIP 数据核字(2023)第 185708 号

书　　名	江苏省环境健康调查及风险评估体系建设研究
	JIANGSU SHENG HUANJING JIANKANG DIAOCHA JI FENGXIAN PINGGU TIXI JIANSHE YANJIU
书　　号	ISBN 978-7-5630-8371-8
责任编辑	杜文渊
特约校对	李　浪　杜彩平
装帧设计	徐娟娟
出版发行	河海大学出版社
地　　址	南京市西康路 1 号(邮编:210098)
电　　话	(025)83737852(总编室)
	(025)83722833(营销部)
经　　销	江苏省新华发行集团有限公司
排　　版	南京布克文化发展有限公司
印　　刷	广东虎彩云印刷有限公司
开　　本	718 毫米×1000 毫米　1/16
印　　张	13.5
字　　数	240 千字
版　　次	2023 年 11 月第 1 版
印　　次	2023 年 11 月第 1 次印刷
定　　价	98.00 元

编写委员会

主　编：张　涛　单　阳　胡冠九

副主编：王　湜　邓爱萍

编　委：张衍燊　吉贵祥　常闻捷

　　　　沈红军　张蓓蓓　只　艳

　　　　张倩玲　张效伟　史　薇

　　　　舒瑞琪　张　璘　张景明

　　　　谭　艳

前言
Preface

　　为贯彻落实《环境保护法》第三十九条"国家建立、健全环境与健康监测、调查和风险评估制度；鼓励和组织开展环境质量对公众健康影响的研究，采取措施预防和控制与环境污染有关的疾病"，生态环境部印发了《国家环境保护环境与健康工作办法(试行)》《国家环境保护"十三五"环境与健康工作规划》及《"十四五"环境健康工作规划》等政策技术文件，明确了环境健康的主要工作内容。2017年，江苏省委、省政府出台《"健康江苏2030"规划纲要》，把人民健康放在优先发展的战略地位。2018年，江苏省生态环境厅设立了"江苏省环境与健康调查与风险评估体系建设"环保科研重大技术攻关类项目，旨在通过科研项目的实施，形成技术体系和能力，全面提升江苏省环境健康工作水平。

　　"江苏省环境与健康调查与风险评估体系建设"项目牵头单位为江苏省环境监测中心，联合生态环境部南京环境科学研究所、生态环境部环境规划院、江苏省环境科学研究院、南京大学等4家单位组成项目组，项目主要从识别江苏省环境健康主要问题，环境健康监测及风险评估技术标准制定，开展典型行业企业、典型区域、典型流域环境健康调查及风险评估，环境健康管理研究，环境健康重点实验室建设以及环境健康监测管理信息系统建设等方面开展了研究工作。构建了区县尺度的江苏省环境健康风险评估指标体系，系统性地考虑污染源、环境质量、人群、社会、经济等多要素，实现多层次多角度健康风险评估。

研究制定《环境与健康监测技术规范》和《化学污染物环境健康风险评估技术导则》两个地方标准。在研究过程中,探索并实践了典型流域、重点地区、行业的环境健康调查监测技术、风险评估方法等,形成了典型流域、区域环境健康调查监测及风险评估技术方法体系。研究制定了《江苏省环境健康管理办法(试行)》。课题牵头单位江苏省环境监测中心依托项目建成"江苏省环境与健康重点实验室",拥有一支规模、层次和结构合理的科研人才队伍,具备了新污染物监测方法技术研发、环境健康综合监测调查研究等核心研究能力。建成江苏省环境健康监测管理信息系统,实现省级环境健康监测调查数据的集成管理。

《江苏省环境健康调查与风险评估体系建设》一书由项目组编制完成,介绍了"江苏省环境健康调查与风险评估体系建设"的主要研究成果,全书共九章,第一章概述了国内外环境健康研究进展及江苏工作基础;第二章介绍了江苏省环境健康调查及风险评估体系建设的研究目标、技术路线和主要研究内容;第三章分析了"十三五"期间江苏省生态环境质量和污染源排放状况;第四章筛选与识别了江苏省环境健康重点关注行业、区域和风险因子;第五章基于《环境与健康监测技术规范》和《化学污染物环境健康风险评估技术导则》,开展了江苏省典型行业企业、区域和流域的环境健康调查及风险评估;第六章通过环境健康管理政策研究,提出了环境健康风险管理和将环境健康融入生态环境管理的政策路径;第七、八章介绍了江苏省环境健康重点实验室和环境健康信息系统的建设情况;第九章对本研究做了总结,分析了江苏省环境健康调查及风险评估体系建设研究的存在问题,提出了环境健康研究展望。

感谢为本书出版付出辛勤劳动的全体研究人员!感谢支持本项目研究的专家领导!感谢江苏省生态环境厅的项目资助!

受研究和编制水平的限制,不妥之处敬请指正。

编者按

目录
Contents

第一章
环境健康研究进展

1.1 研究背景

全力推进健康中国、美丽中国建设，是党中央治国理政的新理念、新思想、新战略的重要组成部分，为了贯彻《中华人民共和国环境保护法》相关要求，落实《"健康中国 2030"规划纲要》精神，2017 年，江苏省委、省政府出台《"健康江苏 2030"规划纲要》，将"健康环境绿色发展行动"列为十大主要任务之一，并通过明确各相关部门工作责任和任务，推动环境健康工作扎实有序开展。2018年，为进一步推动全省环境健康工作的开展，江苏省生态环境厅设立了"江苏省环境与健康调查及风险评估体系建设"环保科研重大技术攻关类项目，项目主要从环境健康问题分析、环境健康调查及风险评估技术体系建立以及环境健康管理政策等方面进行兼顾应用性以及前瞻性的研究，为全省开展环境健康调查监测、环境健康风险评估进行技术储备，为推动江苏省环境健康管理工作发展提供支撑。

开展江苏省环境健康调查及风险评估体系建设研究，对于掌握识别江苏省环境健康重点关注问题，建立完善环境健康调查、监测和风险评估技术体系，探索环境健康管理路径，提升环境健康管理能力具有重要意义。

（1）全面把握江苏省环境健康重点关注的问题，为江苏省生态环境和卫生健康等领域的管理决策提供科学依据。近年来，江苏省生态环境质量虽然总体改善，但在长三角地区仍然偏后，生态文明建设仍然处于压力叠加、负重前行的关键期。一是结构性矛盾仍然突出，全省"重化型"产业结构、"煤炭型"能源结构、"开发密集型"空间结构尚未改变，环境容量超载、生态成本透支的局面尚未根本扭转。二是环境风险依然突出，全省较大等级以上环境风险企业 4 000 余家，数量居全国前列，不少企业沿江、濒海、环湖或位于敏感区域。部分水源地与码头、排污口等相互交错，水源安全隐患尚未消除。多领域、多类型、多层面的生态环境问题累积叠加，土壤环境风险、细颗粒物和臭氧污染等仍待下大力气解决，环境安全和健康风险等环境问题将逐渐凸显。通过开展全省环境健康问题识别与诊断，确定影响公众健康的突出环境问题，明确环境污染治理和人群健康风险防控工作的方向和重点，可以有效提升江苏省生态环境和卫生健康管理的科学决策水平。

（2）系统解决环境健康调查、监测和风险评估的关键技术问题，对于完善环境健康技术支撑体系、推动环境健康调查、监测和风险评估具有重要意义。江苏省在实施淮河流域环境健康调查和评价、全国重点地区环境健康专项调查等国家重大项目过程中，积累了大量工作经验，但目前环境健康监测、风险评估等技术方法不完善，已经成为开展区域环境健康监测和风险评估的技术瓶颈。通过开展重点区域、流域、行业的环境健康调查、监测和风险评估典型案例研究，进一步总结凝练调查、监测和风险评估技术方法，形成江苏省《环境与健康监测技术规范》《环境健康风险评价技术导则》等地方标准，对于弥补我国环境健康调查、监测和风险评估技术标准的空白，指导和推动江苏省环境健康调查、监测和风险评估工作，起到重要的技术支撑作用。

（3）科学探索环境健康调查、监测、风险评估和风险管理政策路径，对于建立健全国家环境健康调查、监测和风险评估制度，推动健康融入生态环境管理政策具有重大的理论和实践意义。当前，我国环境健康管理的定位和政策路径尚不明确，环境健康调查、监测和风险评估制度尚未建立，生态环境部门在环境健康领域的职责仍不清晰，亟需开展环境健康管理政策探索。通过环境健康管理政策研究，起草江苏省环境健康管理办法，明确省市生态环境部门在环境健康工作中的职责，探索生态环境领域环境健康管理的实施路径，为推动国家、省、市环境健康管理工作，建立健全国家环境健康调查、监测和风险评估制度，提供江苏经验。

（4）显著提升江苏省环境健康调查、监测、风险评估的技术支撑能力和管理能力，支撑江苏省开展全省环境健康调查、监测、风险评估和风险管理。通过建设江苏省环境健康重点实验室和监测监控管理信息平台，一方面，可以有效整合环境健康领域的研究机构和技术人员，形成一支高水平的专业技术队伍；另一方面，可以加强江苏省环境健康相关实验室硬件设备、基础数据和软件平台等建设，夯实环境健康调查、监测和风险评估工作的研究条件，为环境健康技术支撑和管理能力提升打好基础。

1.2 国外环境健康工作进展

当前，有毒有害污染物产生了全球和区域性的环境和健康风险问题，如持久性生物累积性有毒化学品问题、内分泌干扰物问题、危险化学品泄漏事故问题等。现有研究发现并证实，大量人工合成的有机化学物质流入环境易导致野生动物种群雌性化和生殖繁衍衰竭，而造成全世界癌症发生率猛增的各种因素中，化学因素约占 80%。因此，各发达国家开展了一系列环境健康调查、监测、风险评估和风险管理工作。

1.2.1 环境健康调查监测

（1）美国国家生物监测项目

美国国家生物监测项目（National Biomonitoring Program，NBP）是由美国疾病预防控制中心下属的美国国家健康统计中心开展的美国健康和营养监测调查项目（National Health and Nutrition Examination Survey，NHANES）演变而来。20 世纪 60 年代初期启动的 NHANES 针对不同人群或健康问题进行调查，旨在评估美国成年人和儿童的营养健康状况。自 1999 年起，该项目成为连续性项目，同时，在所有 NHANES 参与者中，随机抽取约 1/3 的个体开展生物监测，即为 NBP。美国 NBP 旨在确定进入人体血液、尿液、乳汁和唾液中的化学物质种类及其进入的量，重点监测人体中农药（有机氯、有机磷、菊酯类以及除草剂）、多氯联苯、多环芳烃、邻苯二甲酸酯类、植物雌激素、丙烯酰胺、酚类、全氟化合物、多溴联苯醚、重金属等化学物质水平超过已知毒理学限值的人口数量（如血铅水平），跟踪暴露的趋势和公共卫生项目的效果和影响。

基于 NBP 的数据,美国疾病预防控制中心编制形成关于环境化学物质人体暴露国家报告(National Report on Human Exposure to Environmental Chemicals)以提供美国公众对环境化学物质暴露的系列性持续评估结果,同时形成美国人群膳食和营养生化指标国家报告(National Report on Biochemical Indicators of Diet and Nutrition in the U. S. Population)以提供美国公众营养状态的系列性持续评估结果。

(2)美国国家环境健康监测项目

1988 年,美国医学研究所在《未来公共健康》中指出,环境卫生管理部门的消失导致公共卫生政策不能有效开展,缺少对环境问题与健康之间的协调和重视。2001 年美国环境健康委员会提出了建设国家暴露与疾病跟踪网络的必要性,随后开展的美国国家环境健康监测项目(National Environmental Public Health Tacking Network,NEPHT)将环境危害因素暴露和疾病联系起来,解决有害因素暴露与疾病的关系,以及有害因素暴露的预警、健康影响评价等问题。

美国 NEPHT 项目建立了融合健康数据和环境数据的监测平台,通过美国疾病预防控制中心牵头、多部门合作的机制进行环境危害因素数据、暴露数据和健康数据收集,用统一的标准整合这些数据,再对数据进行分析,最终将分析结果共享给相关部门,供其开展研究、评估、调查和制定相关政策措施作参考,以改善公众健康的运行模式。该项目促进了联邦机构、州及当地公共卫生和环境部门、医院、非政府组织、社会组织和学术机构等的合作交流,项目实施过程中需要处理组织与管理、数据技术与监测方法、监测系统架构与需求评估、政策与公共卫生行动等各方面的问题。美国 NEPHT 项目融合了环境危害因素数据及其暴露导致的疾病数据,构建了国家级和州级的系统来监测环境危害因素暴露对健康的影响及其可能的环境风险,同时将环境风险、暴露和疾病监测系统联系在一起,有效推动了环境危害因素暴露和健康影响关系的研究和风险预警。

(3)韩国居民身体中环境污染物负荷调查项目

进入 21 世纪后,韩国出现多起全国性环境污染事件。在这些环境事件的影响下,韩国环境部逐步开展相关工作,以解决出现的各种环境问题。韩国关于环境污染暴露的研究始于 2000 年,最初的研究主要集中在职业暴露和小规模人群样本调查,无法涵盖全国的暴露水平。因此,韩国从 2005 年启动韩国居民身体中环境污染物负荷调查项目一期(Korea National Survey for Environmental Pollutants in Human Body I,KorSEP I),该项目作为韩国全国健康和营养调查项目(National Health and Nutrition Survey)的一部分,并分别于2007年和2008年开展韩国居民身体中环境污染物负荷调查项目二期(KorSEP Ⅱ)和三期(KorSEP Ⅲ)。

韩国居民身体中环境污染物负荷调查项目的目的是定期监测人体中环境污染物的水平,确定环境中人群可能暴露的有毒有害物质,掌握全国人群污染物内暴露水平,为管理者提供准确及时的应对策略。该项目参考了美国NBP项目及德国环境调查,并制定了韩国国家环境健康调查框架。该项目基于2005年韩国全国普查结果,采用基于地理概率多阶段分层抽样方法选择研究对象,将全国人口分成264 183个采样单元,每个采样单元由大约60个家庭构成,从这些采样单元中随机抽取193~196个采样单元,最终确定分布在沿海、农村和城市地区5 087名20岁以上的成年人为研究对象。采集研究对象的基本信息以及血液和尿液样品,检测血液中的铅、汞、锰,尿液中的镉、砷、1-羟基芘（1-OHP）、2-萘酚(多环芳烃的代谢物)以及其他化学物质(杀虫剂及挥发性有机物等的代谢物)。通过韩国居民身体中环境污染物负荷调查项目,获取了全国人体中重金属和有机物负荷水平。

（4）其他环境健康调查研究工作

环境对于人类的健康和发展起着重要作用,环境危害因素的人体暴露与部分疾病有关,例如石棉暴露和肺癌相关,铅暴露对儿童心智功能发育有影响等。21世纪初,人群流行病学研究发现,颗粒物浓度上升会导致死亡人数、医院心血管系统疾病和呼吸系统疾病的就诊人数、医院急诊量、哮喘发病数的增加,此外颗粒物浓度还与急性支气管炎、呼吸系统疾病和活动受限疾病等存在关系。为获取环境污染与人体健康影响之间的关联信息,世界各国开展了一系列研究工作。

1973年,哈佛大学完成了哈佛六城市空气污染与健康研究项目,对美国东部六个城市的8 000名居民的健康生存状况及污染物浓度进行了长达14~16年的追踪记录和监测,在排除吸烟、性别、年龄等混杂因素后,评估空气污染物对死亡率的影响,首次建立了环境污染与人体健康效应之间的关系,促使美国率先将$PM_{2.5}$作为空气质量的一项重要监测指标。

1994—1997年,美国健康影响研究所围绕大气颗粒物人群健康影响开展颗粒物流行病学研究项目(Particle Epidemiology Evaluation Project,PEEP)。基于颗粒物流行病学研究成果,美国健康影响研究所于1996年启动美国国家空气污染物发病和死亡效应研究项目(National Morbidity and Mortality Air Pollution Study,NMMAPS),作为首项全国性的关于空气污染物人群健康效应的时间序列流行病学研究,不仅解答了大气颗粒物是否真的会引发人群急性健康效应的疑问和颗粒物流行病学研究提出的诸多质疑,还为后续同类型研究在数据处理、模型筛选、参数设置、不确定性和敏感性分析方面提供了标准先例,成为现今国内外关于空气污染物人群健康效应相关研究的经典案例。

美国于2004—2014年开展了空气污染与动脉粥样硬化多种族研究(The Multi-Ethnic Study of Atherosclerosis and Air Pollution,MESA Air),从研究对象的居住地采集空气样品,结合地理空间数据、室外空气污染物监测等构建基于采用最大似然估计的时空模型,估算空气污染水平以及空气污染水平随时间和空间的变化趋势,将空气污染数据与研究对象健康信息关联起来,研究长期空气污染暴露与亚临床动脉粥样硬化发展状况以及成年人心血管疾病发病率之间的关系。

2007年,由世界卫生组织、哈佛大学、华盛顿大学、霍普金斯大学、澳大利亚昆士兰大学联合实施的全球疾病负担研究(Global Burden of Disease,GBD),利用DALY(Disability-Adjusted Life Year)等指标,对主要疾病、伤害和相关危险因素所导致的死亡和伤残进行区域与全球的综合性健康评价,旨在通过对全球健康状况、生存质量和伤残寿命损失进行动态监测与评价,分析全球范围内不同国家或地区,不同人群以及不同病种的疾病负担指标,确定不同国家或地区的主要病种、高危人群和高发健康因素。

哥伦比亚儿童环境与健康中心(The Columbia Center for Children's Environmental Health,CCCEH)以燃煤污染地区为主,并关注经济条件相对较差的弱势群体,分别在美国纽约市、波兰克拉科夫市和中国重庆市铜梁区建立了4个前瞻性的出生队列,研究出生前后各种环境有害因素(吸烟和饮食等生活方式、大气污染、工作场所、水和食品供给等)暴露对胎儿和儿童不同时期的健康影响,是涵盖单个国家地区的经典前瞻性出生队列研究。

1992年,欧洲大气污染环境健康(APHEA)研究计划被提出,旨在定量评估空气污染的短期健康效应,最初的研究完全基于以往的观测数据和实验分析

（APHEA-1）。20世纪90年代末，开始实施一系列能充分利用最新的PM_{10}观测数据进行分析的研究（APHEA-2），结果表明，大气中PM_{10}每增加10$\mu g/m^3$，总病死率日均值增加0.6%，65岁以上人群的哮喘和慢性阻塞性肺疾病（COPD）住院率上升1.0%，心血管疾病（CVD）住院率上升0.5%。该计划是迄今影响最大的短期健康效应研究计划之一。

1.2.2 环境健康风险评估

（1）美国

1970年，美国集中农业、健康、教育等部门的环境保护职能成立环境保护局（EPA），其中约40%的工作人员有医学背景，奠定了以保障公众健康为核心的工作基础。20世纪70年代中期，美国食品与药品管理局和EPA开始运用定量风险评估方法评价致癌物的健康风险。1975年12月美国EPA完成了第1份风险评估文件《社区暴露氯乙烯的定量风险评估》，1976年出台《可疑致癌物的健康风险和经济影响评价临时程序与导则》，表明美国EPA计划将健康风险和经济影响评估作为监管过程的一部分进行严格评估。20世纪80年代，美国EPA发布了64种污染物的水质标准文件，首次应用了针对大量致癌物开发的定量程序，也是美国第一份描述风险评估定量程序的文件。1983年，美国国家科学院（以下简称"美国科学院"）发布了《联邦政府的风险评估：管理过程》（俗称"红皮书"）。美国EPA将这一开创性文件中提出的风险评估原则与评估实践进行整合，延续至今。1984年，美国EPA发布《风险评估与管理：决策框架》，强调风险评估过程透明化、更充分地描述评估的优缺点、在风险评估中提出合理的替代方案。同时，美国EPA发布了综合风险信息系统，该系统是暴露于环境中的各种物质可能导致人体健康变化的数据库。

尽管美国EPA的工作最初聚焦于人体健康风险评估，但其基础模型同样适用于生态风险评估，并于20世纪90年代被用于植物、动物和整个生态系统的风险评估。美国科学院在一系列后续报告《婴幼儿膳食中的杀虫剂》《风险评估中的科学与判断》（也称为"蓝皮书"）、《理解风险：民主社会的知情决策》中扩展了风险评估的原则，以确保评估符合预期目标且易于理解。经过数十年发展，美国以化学物质暴露的健康危害为切入点，立足于环境健康风险评估，逐步构建了较完善的评估体系，制定并发布100余项环境健康风险评估技术指南和技术文件,开发了风险与信息综合管理系统(IRIS)、数十种模型工具、毒性/暴露参数数据库,强有力地支撑环境管理科学决策。

(2)欧洲

1996 年,欧盟发布了适用于现有化学物质和新化学物质的《风险评估技术指南文件(第 1 版)》(Technical Guidance Document on Risk Assessment,TGD 1),详细规定了开展化学物质风险评估的技术要求,包括标准方法、数据来源、参数选择与模型应用等内容。2003 年,《风险评估技术指南文件(第 2版)》(TGD 2)发布实施,对原技术指南中的部分内容进行了修订,总结了风险评估体系的总体思路、整体框架和数据标准。具体的评价系统反映在欧盟物质评估系统(European Union System for the Evaluation of Substance,EUSES)中,包含人类健康和生态环境风险评价。

欧盟针对重大风险物质进行优先级排序,并在此基础上首次发布了包含33 种物质的优先污染物清单(Decision 2455/2001/EC),随后发布的 2008/105/EC 指令明确了地表水中 33 种优先控制物质和 8 种其他污染物及其含量限值。经过化学物质的环境和人体健康风险识别与筛选,欧盟于 2013 年发布Directive 2013/39/EC 指令,将优先污染物种类调整为 45 种,其中包含 21 种优先危害物质。

总体而言,欧盟的风险评价重点关注化学品风险管理,其风险实施的场所包括工厂、商品和环境。欧盟的 REACH 法规、CLP 法规和 WFD 指令从化学品风险管控的角度出发,明确要求针对现有和新化学品进行环境健康风险评估与风险分级工作,列出了相应的程序和技术要求,为出台相关管理政策和技术规范文件提供了依据。欧盟设立了欧洲化学品管理局和环境与健康风险科学委员会,专门开展化学品环境健康风险评估技术规范制定、评估结果审查与相关研究工作,虽未建立完善的环境健康风险评估技术体系,但开发的 EUSES和相应的环境健康风险评估基础数据库为环境健康风险评估工作提供了有力支撑。欧盟将化学物质的环境健康风险评估结果有效地运用于水污染管控中优先污染物和优先危害物质的筛选、空气污染物质量标准制定、化学品风险识别及其高关注物质筛选以及各项环境管理行动计划制定。

(3)世界卫生组织

世界卫生组织(World Health Organization,WHO)尤其是国际化学品安全规划署(International Program on Chemical Safety,IPCS)在风险评价领域

开展了大量工作。WHO 健康风险评估主要应用于化学物质(包括农药)管理和食品安全管理两个领域。自 1978 年起发布了一系列人体健康风险评估相关的技术文件,逐步构建了系统完整的技术体系,详见图 1.2.2-1。

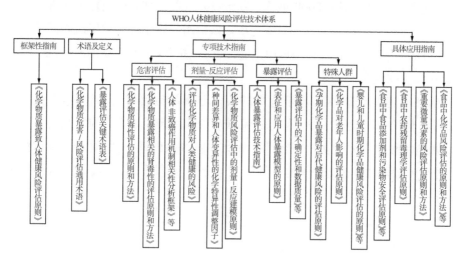

图 1.2.2-1　WHO 人体健康风险评估技术体系

1999 年,WHO 发布了《化学物质暴露致人体健康风险评估原则》,该文件在整个世界卫生组织健康风险评估技术体系中有着提纲挈领的作用,论述了化学物质健康风险评估的框架、评估内容、方法和要求。IPCS 联合经济合作与发展组织(Organisation for Economic Co-operation and Development,OECD)发布了《化学物质危害/风险评估通用术语》和《暴露评估关键术语表》,统一了IPCS 和 OECD 风险评估项目中风险评估和暴露评估的术语及其定义。在危害评估方面,WHO 发布了一系列指导性文件,涵盖了化学物质暴露致人体神经毒性、肾毒性、直接免疫毒性、过敏性超敏反应、生殖毒性、自身免疫毒性、免疫毒性、皮肤过敏等评估原则和方法。在剂量-反应评估方面,WHO 制订了基于健康的暴露限值的推导方法,并对确定种间差异和人群变异性的不确定性系数制订了技术指南,另外,还发布了剂量-反应关系建模的原则。暴露评估方面,WHO 发布了《人体暴露评估技术指南》《表征和应用人体暴露模型的原则》《暴露评估中的不确定性和数据质量》《皮肤暴露》等技术文件。针对儿童、孕妇和老人等特殊人群的风险评估,WHO 也发布了相应的技术文件。

在食品安全风险评估领域,WHO 发布了《食品中食品添加剂和污染物安全评估原则》《食品中农药残留毒理学评估原则》《重要微量元素的风险评估原则和方法》《食品中化学品风险评估的原则和方法》等技术文件。

（4）澳大利亚

澳大利亚卫生部于 2002 年首次发布《环境健康风险评估：环境危害的人体健康风险评估指南》，并于 2012 年更新。该指南规定了环境健康风险评估的一般性方法学，适用于各种环境健康危害因素，包括化学因素、物理因素（如辐射、噪声）和生物因素。

《环境健康风险评估：环境危害的人体健康风险评估指南》基本上是美国 EPA 人体健康风险评估技术体系的系统整理和总结，其评估的原则、程序、框架、内容和要求基本与美国现行人体健康风险评估体系一致，对于系统掌握环境健康风险评估理论方法具有重要的参考价值，可以作为人体健康风险评估的指导手册。

1.2.3　环境健康风险管理

（1）美国

美国诸多环境法律都明确将保护公众健康作为立法目标，并在各种优先控制污染物名录筛选和环境健康基准或标准的制订过程中落实保护公众健康目标。《清洁空气法》是利用科学证据指导监管、保护公众健康的典型案例。从最初阶段起，《清洁空气法》就采取了基于科学证据确定行动的模式，通过同行评议的研究来识别需要补救的风险，并指出减少这些风险的方法。该法案要求美国 EPA 每 5 年对常规大气污染物的相关证据进行审查，该审查过程促进了科学证据的发展，以指导美国 EPA 管理者确定环境空气质量标准是否需要修订。对保护公众健康的考量，主要体现在有毒有害大气污染物名录的筛选排序和有毒有害大气污染物环境质量标准的制订方面。

水质标准尤其是水质基准的制定是美国整个水环境管理过程的关键环节，它确定了环境管理的最终目标，也是实施一系列水环境管理政策的基础。水质基准的核心技术内容主要是两部分，一是污染物项目的选取，二是污染物限值的确定。污染物项目的选取建立在识别水中存在的问题以及确定优先次序的基础上。污染物限值的确定较大程度上依赖于美国 EPA 研究与发展办公室等形成的科学成果，在参考剂量和致癌风险斜率因子的科学基础上考虑有关的暴露参数推导得出。

《资源保护与回收法案》(RCRA)对如何管理现有工业产生的危险废物作了规定,同时针对历史形成的污染,制定了《综合环境响应、赔偿及责任法案》(CERCLA)。根据 RCRA 和 CERCLA 法案要求,危险废物的鉴别和危险废物名录的制订过程中充分考虑有毒有害物质对人体健康的可能毒性以及易燃易爆等属性,同时通过实施跟踪制度和许可制度对危险废物实施从产生到消减的全过程风险管理。

在有毒物质管理方面,美国通过实施新化学物质管理计划、高产量化学品挑战计划、有毒物质释放清单管理计划、风险管理计划等一系列针对有毒物质的风险识别和风险管理计划,从新化学物质的登记、申报,现有化学物质的名录编制及风险排序,有毒物质生产、使用、运输、转移、释放申报及应急响应等全过程进行风险管理。

(2)韩国

1963 年,针对工业发展带来的环境污染问题,韩国制定了最早的环境法《公害防治法》,其立法目的是"减少因运营工厂、事业场所(即劳动与施工场所)或使用机械、器具而引起的大气污染、河川污染、噪音、震动,防止污染损害国民健康"。但该法全文只有 21 条,且规定十分模糊,相关实施细则直到 1969 年才出台,因此,根本无法有效实施。1977 年 12 月,韩国制定并公布了《环境保护法》,取代以消极控制公害为目的的《公害防治法》,该法重视事前预防环境破坏或环境污染,同时为了积极、综合地应对环境问题,制定了新的环境影响评价、环境标准、污染物总量控制等制度。

2006 年,韩国政府颁布了《环境健康十年综合计划》。为系统实施环境健康政策,并为相关政策和计划制定提供法律依据,韩国于 2008 年 3 月制定了《环境健康法》,规定了政府与企业在环境健康管理中的主要义务,如某些相关性疾病或过敏性疾病、企业的赔偿责任等。《环境健康法》还强调了对特殊人群与特殊地域的特别保护,设立专章规定在环境影响评价框架内实施健康风险评价,开展健康风险评价是环保部门的法定义务。基于《环境健康法》,建立了环境健康风险全过程管理制度,主要包括:环境风险因素的识别措施,法律要求,国家和地方政府应当随时识别环境风险因素对人体健康的影响,建立并实施必要的政策措施,保护公众免受风险因素影响。其中,公众环境健康基础性调查由环境部每 3 年开展一次,内容涉及环境污染物的人群体内负荷、健康损害状况,以及环境相关性疾病的发病率。在保护儿童等易感人群上,韩国《环境健康法》作出了详细规定,如儿童活动区域和儿童产品的环境健康风险管理,制定并公布了玩具及儿童经常使用或接触的固定设施中,影响其健康的环境风险因素种类和毒性名单。

1.3 国内环境健康工作进展

1.3.1 工作进展

（1）制度建设

2007 年,原卫生部会同原环保总局等 10 多个部门联合发布《国家环境与健康行动计划（2007—2015）》（卫办监督发〔2007〕279 号）,要求开展环境与健康风险评估工作、建立环境与健康风险管理机制。2014 年修订的《中华人民共和国环境保护法》第三十九条提出要建立、健全环境与健康监测、调查和风险评估制度,后续发布实施的《"健康中国 2030"规划纲要》《健康中国行动（2019—2030 年）》和《中共中央国务院关于加强生态环境保护　坚决打好污染防治攻坚战的意见》等一系列重要政策性文件均要求加强环境健康风险评估制度建设。

为落实国务院《水污染防治行动计划》（国发〔2015〕17 号）,原环境保护部会同工业和信息化部、原国家卫生计生委制定并公布了《优先控制化学品名录（第一批）》（公告 2017 年 83 号）（以下简称《名录》）,要求对列入《名录》的化学品,采取风险管控措施。为进一步推动环境健康工作,生态环境部门先后制定了《国家环境保护"十二五"环境与健康工作规划》（环发〔2011〕105 号）、《国家环境保护"十三五"环境与健康工作规划》（环科技〔2017〕30 号）和《"十四五"环境健康工作规划》（环办法规〔2022〕17 号）;2018 年印发《国家环境保护环境与健康工作办法（试行）》,明确了环境健康风险评估的职责单位、评估对象和结果应用。

（2）技术能力提升

我国环境健康风险评估技术规范制定始于 21 世纪初,目前尚处于起步阶段,已制定的环境健康风险评估技术规范近 20 项,尚未形成体系。生态环境部门现已印发十余项环境健康风险评估技术规范,主要集中在危害评估、暴露评估和应用领域（污染场地、地下水、化学品）,于 2004 年制定的《新化学物质危害评估导则》（HJ/T 154—2004）对新化学物质申报登记所需的毒理学数据、毒性分级、人群暴露评估等内容进行了详细规定,2020 年印发的《生态环境健康风险评估技术指南 总纲》(HJ 1111—2020)作为纲领性文件明确了环境健康风险评估技术规范体系的框架,浙江省、北京市和重庆市在污染场地风险评估方面也分别制定了污染场地风险评估的地方标准。卫生健康部门印发的环境健康相关技术规范主要集中在饮用水安全和污染导致的健康损害判定方面,在环境健康风险评估方面发布了《环境污染健康影响评价规范(试行)》(2001 年)、《工作场所化学有害因素职业健康风险评估技术导则》(GBZ/T 298—2017)、《大气污染人群健康风险评估技术规范》(WS/T 666—2019)、《化学物质环境健康风险评估技术指南》(WST 777—2021)等技术规范,明确了开展环境健康风险评估的具体技术要求。

生态环境部门和卫生健康部门在其直属的一些事业单位中设置环境健康风险评估与研究部门,开展技术研发、政策标准制修订技术支持和培训等能力提升工作。生态环境部门直属的华南环境科学研究所、中国环境科学研究院、环境规划院、环境与经济政策研究中心分别下设环境健康研究中心/部门/室,为生态环境部门环境健康工作提供技术支持。2002 年,原卫生部成立环境与健康相关产品安全所,2012 年其下设环境健康风险评估室,负责实施环境健康综合监测及风险评估项目、全国环境健康风险评估试点和环境健康风险评估相关指南标准制修订等工作。

(3)环境健康调查、监测和风险评估

20 世纪 70 年代开始,原卫生部开展了一系列环境污染对人体健康影响的调查、监测和评估工作。1971 年,原卫生部组织有关省、市卫生防疫站对长江、黄河、珠江、松花江等水系以及渤海、黄海、东海、南海等沿海地区进行了连续 5 年的污染调查。1982 年,在原卫生部支持下,开始了全国血铅、血液和乳液中有机氯农药的监测,至 1998 年,共有 28 个省、市、自治区的 35 个主要城市参与监测。中国医学科学院卫生研究所组织全国有关省、市卫生防疫站、医学院校和科研机构等 60 多家单位在 50 万以上人口的 25 个城市进行了大气污染与人体健康关系的调查研究。20 世纪 80 年代以来,针对云南省宣威市肺癌死亡率居全国首位的问题,中、美两国的科学工作者联合开展了病因的调查研究。此外,还开展了渤海、黄海污染对人体健康影响的调查,调查渤海、黄海沿岸 36 个观测点的近 128 万渔民和农民体内汞、砷、铅、镉含量水平以及恶性肿瘤死亡率等健康结局。

自 2007 年起,环境保护部门先后组织开展了"淮河流域环境与健康调查和评价""全国重点地区环境与健康专项调查""中国人群环境暴露行为模式调查""典型地区居民环境总暴露调查""环境健康风险哨点监测"等项目,掌握了我国环境对健康影响的基本情况和环境污染影响人群健康的变化规律与发展趋势,为确定重点防控行业、优先控制有毒有害污染物,以及进一步开展环境健康风险评估、评价环境管理对策措施成效奠定了基础。2018 年至今,生态环境部针对社会高度关注的大气污染对人群健康影响问题,开展了大气污染健康影响跟踪调查项目,通过建立符合我国国情的大气环境健康人群队列,长期调查大气污染导致的健康影响。在人群调查方面,2019 年已完成 17 200 人的基线调查工作,通过前瞻性队列研究方法,获得我国人群特点的暴露-反应关系以及健康效应-污染来源关系。自 2015 年起,基于调查发现的环境健康问题突出点位,在 14 省(区、市)16 个地区持续开展环境健康风险哨点监测。江苏高淳农药厂毒死蜱原药生产线搬迁后,对其周边环境空气和居民室内空气中毒死蜱污染水平、儿童尿液中有机磷农药代谢产物开展了监测;云南会泽铅冶炼企业搬迁后,对原企业周边地区土壤铅和儿童血铅情况进行跟踪监测。这些数据的积累,对于掌握环境污染影响人群健康的变化规律和发展趋势,评价、预测、预警环境污染健康风险,研究制定对策措施、评价对策措施实施效果具有重要价值。

(4)环境健康风险管理

为探索建立以风险管理为导向的生态环境管理模式,生态环境部于 2018 年启动"国家环境与健康风险管理试点"工作,将浙江省丽水市云和县、山东省日照市五莲县作为首批试点地区,开展环境健康监测、评估、宣教等方面一系列具体工作,取得了初步成效。2019 年 9 月,上海市、四川省成都市、江苏省连云港市、湖北省十堰市武当山特区成为第二批试点地区,以进一步探索适合我国国情和生态环境保护需求的环境健康风险管理制度。随着环境健康风险评估工作的深入推进,国家卫生健康委于 2019 年首次在全国范围内遴选 10 个(5个省级、5 个市级)疾病预防控制中心开展"环境健康风险评估试点",围绕组织架构、制度建设、平台建设、方法优化、技术工具等方面开展健康风险评估体系和评估能力建设以及推动评估技术、方法与产品的应用,旨在用以点带面的方式逐步提升卫生健康部门环境健康风险评估能力。

1.3.2　研究进展

近年来,国家生态环境和卫生健康部门启动了大量科学研究项目,开展全国性人群环境暴露行为模式研究,获取我国环境健康风险评估所必需的人群暴露参数,出版《中国人群暴露参数手册(儿童卷)》《中国人群暴露参数手册(成人卷)》,为开展环境健康调查与评估奠定了基础。研究环境健康技术标准,发布《生态环境健康风险评估技术指南 总纲》(HJ 1111—2020)、《大气污染人群健康风险评估技术规范》(WS/T 666—2019)、《环境污染物人群暴露评估技术指南》(HJ 875—2017)、《环境与健康现场调查技术规范 横断面调查》(HJ 839—2017)、《暴露参数调查基本数据集》(HJ 968—2019)、《建设用地土壤污染风险评估技术导则》(HJ 25.3—2019)等,为环境健康调查及风险评估提供技术指引。开展了一系列环境健康问题调查与评估研究,选择部分试点地区开展环境健康调查研究工作,2007—2020 年开展了淮河流域环境与健康调查和评价;2011 年开始,原环保部门同原国家卫生计生委在全国 20 多个省市设置调查点,组织开展了"重点地区环境与健康专项调查",初步掌握了我国环境污染所致健康损害的种类、程度、性质及其分布信息。2015—2020 年,生态环境部在"全国重点地区环境与健康专项调查"工作的基础上,选择了江苏高淳等 15 个环境健康高风险点位开展环境健康风险哨点监测工作。

在整个生态系统中,对人体健康会产生直接影响的环境介质主要包括大气、水、土壤等。韦正峥等研究指出,2013 年我国十大环境与健康舆情事件中有 5 件涉及空气污染、3 件涉及水污染、2 件涉及综合环境污染与健康问题。由此可见,大气和水是目前环境问题频发的来源,也是人体健康问题的主要诱因。

大气中对人体危害较大的污染物包括颗粒物、二氧化硫、二氧化氮和一氧化碳等,均已被列为我国空气质量常规监测因子。2013 年 1 月期间我国京津冀等地区强雾霾频发,引起社会对大气污染健康影响的广泛关注。近年来,我国在一些重点区域开展了相关工作:有研究发现珠三角地区大气中颗粒物浓度每增加 10 $\mu g/m^3$,人群总死亡率增加约 0.38%;兰州地区大气中颗粒物浓度每增加 10 $\mu g/m^3$,人群总死亡率增加约 0.71%;还有研究分析了杭州、上海等城市 PM_{10} 与人群心血管疾病死亡的关系等。这些工作为后期我国开展大范围内长序列的大气环境与健康关联研究提供了大量参考数据和基础资料。

水污染物种类包括有毒化学物质污染、放射性污染、石油污染、植物营养物质污染、盐类污染、病原体污染、需氧物污染、热污染等物质。2010年,我国七大水系常规污染指标中最有代表性的是五日生化需氧量、氨氮和高锰酸盐指数,国控26个重点湖泊的主要污染指标是总磷和总氮。除了常规的水体污染指标,抗生素和金属类在水污染中也较为常见。有研究表明,抗生素在生物体内的残留对人体健康可能具有潜在的危害,长期食用含抗生素耐药性的蛋、肉等食品的人体中也检出抗生素耐药性基因。砷是环境中常见的污染物之一,砷污染主要引起暴露人群的急性(中毒)和慢性病症(皮肤色素沉着、过度角化、末梢神经炎,甚至致癌),长期的低浓度砷暴露会引起慢性砷中毒,其潜伏期长达几年甚至几十年。

针对环境健康问题,郭辰等提出了环境健康传导链的概念,主要是指污染物从污染源排放进入局部环境介质,最终人群接触后进入人体产生特异性(非特异性)健康危害的整个过程。

国内外学者对区域环境风险的理论和方法进行了大量的探索和研究,初步构建了区域环境风险评价概念框架和评估方法。杨洁等提出了区域环境风险系统理论,在对单因子分级评分的基础上,通过直接叠加或加权叠加对区域环境风险进行评价,实现区域环境风险分区。刘桂友等运行信息扩散法对环境风险进行评价,并在一定风险分级标准等级下,对风险进行聚类。曲常胜等为评估省级区域范围内环境风险状况,构建了由危险性指标和脆弱性指标两大类指标组成的区域环境风险综合评价指标体系,引入时序加权平均算子对区域环境风险进行评价。兰冬东等通过建立环境风险分区指标体系,提出了环境风险量化模型。曾维华等提出了多尺度(园区尺度、城市尺度以及流域尺度)突发性环境污染事故的风险分区原则、指标体系和分区模型。总之,当前环境风险分区研究与实践主要针对突发性环境污染事故风险开展,根据能反映各方面要素特征的综合评价结果划分不同的风险类型区。

韩天旭在环境铅、镉污染健康风险分区案例研究中,建立了包括污染源指标、污染暴露指标和风险表征指标在内的评估体系,并采用专家经验法或层次分析法对各指标权重进行赋值。程红光等在调研分析我国铅和镉等主要重金属的环境污染高风险区域特点和高风险人群的分布及特征的基础上,提出了适合我国重金属污染特征和人群特征的环境健康风险重点防控区分区方法体系和风险分级技术方法。其中,重金属环境健康风险宏观分区指标体系,包括风险源的危险性、区域人群易损性、环境风险抵抗力等三大类 10 项指标;重金属环境健康风险微观分区指标体系,包括风险源的危险性、区域人群易损性、暴露风险可达性等三类 7 项指标。通过构建重金属环境健康风险指数,并根据环境健康风险和人群易损性的特征,将评价单元划分为环境健康风险管理类型区,包括源人联控区、人群易损区、危险控制区和常规监测区。该研究建立和细化了重金属环境健康风险分区的技术方法体系。

1.3.3　江苏工作基础

为推进健康江苏建设,江苏省委省政府印发了《"健康江苏 2030"规划纲要》《落实健康中国行动推进健康江苏建设实施方案》,将"构建有针对性的重点地区、流域、行业环境健康调查监测体系,开展典型行业、典型区域等环境健康试点调查监测及风险评估,采取有效措施预防控制环境污染相关疾病等"要求纳入工作内容。

自 2011 年以来,根据生态环境部统一部署,在江苏省选择淮河流域的淮安市盱眙县、金湖县和盐城市射阳县 3 个重点县域开展包含水环境、土壤、农作物等方面的环境健康综合监测,连续对盱眙县、金湖县和射阳县的水环境、土壤、农作物中多环芳烃、重金属进行监测,2015 年后补充开展地表水质/沉积物中半挥发性有机物和重金属调查,为淮河流域环境污染综合整治和健康危害防治提供技术支持。2012 年,江苏省组织针对有机磷农药生产的环境污染对公众健康的影响程度开展专项调查工作。同时,开展了"空气污染对人群健康影响监测项目",在全省 13 个省辖市建立监测点,建立空气污染与人群健康动态监测体系,分析了空气污染与人群健康的关系。为掌握化工企业排放的特征污染物环境污染特征、周边人群暴露状况、人群健康风险及所造成的健康影响,江苏省于 2015—2017 年开展了重点地区周边区域环境健康专项调查,内容包括污染源调查、环境质量调查、暴露调查和健康状况调查,重点关注的特征污染物为挥发性有机污染物和多环芳烃;其中,污染源调查主要监测典型化工企业废气、废水特征污染物排放情况;环境质量调查主要监测环境空气、地表水和土壤;外暴露调查重点关注的途径为室内空气和积尘;健康状况调查包括健康问卷调查、内暴露调查、人群健康体检、死因调查等。为监测公民生态环境健康素养,江苏省生态环境厅印发了《2022 年江苏省居民生态环境与健康素养监测实施方案》。

在省环保科研课题的资助下,江苏省组织环境健康相关研究,开展"江苏省典型区域环境与健康综合监测技术研究与应用示范""典型化工园区环境与健康综合监测技术研究与应用示范"工作,针对食品加工业恶臭污染开展"江苏省典型食品加工业恶臭污染特征和环境风险研究",完成"江苏省典型区域土壤中拟除虫菊酯类农药污染特征及健康风险评价研究"等。结合淮河流域环境与健康调查和评价项目先后开展了多个与环境健康调查、健康风险评估、特征污染物监测分析等相关的科研项目,如《淮河流域污染防治补偿试点研究》《淮河流域生态补偿方案研究》《水源水内分泌干扰物来源分析及健康风险评价》《水质环境污染物致突变性测定鱼类外周血红细胞微核试验法》《地表水中微囊藻毒素类、苯并[a]芘的固相萃取-超高效液相/三重四极杆串联质谱(SPE-UPLC/MS/MS)方法研究》《UPLC/MS/MS法测定水中几类农药残留方法研究》《水中新型持久性有机污染物监测方法研究》等。

2019年连云港市成功申报第二批国家生态环境与健康管理试点,在连云港市开展全过程环境健康风险管理试点工作,结合连云港市区域特点开展环境健康风险监测、评估,绘制了环境健康风险地图,探索环境健康风险管理与现行生态环境管理制度的衔接。

第二章
环境健康调查及风险评估体系建设研究内容

2.1 研究目标

项目基于国家环境保护环境与健康工作办法及健康江苏等国家和省级需求,全面探索并实践环境健康理念融入环境保护管理的研究任务,通过收集全省污染源普查、常规环境监测数据、重点地区环境健康调查、人群疾病和死因监测等资料,开展重点流域、区域和行业环境健康综合调查,补充完善江苏省环境健康基本数据资料;分析环境健康主要问题,建立环境健康调查及风险评估技术体系;完善环境健康信息平台;建设环境健康重点实验室;制定环境健康管理政策等。从而为全面提升江苏省环境健康技术支撑和管理能力,全面开展全省环境健康监测业务化运行以及环境健康风险评估提供技术实践和储备。

2.2 主要研究内容

2.2.1 研究内容

项目研究主要包括五个方面内容:研究及筛选江苏省环境健康主要问题、

开展环境健康调查监测和风险评估、建设江苏省环境健康监测管理信息系统、建成江苏省环境健康研究重点实验室、开展环境健康政策法规研究。研究框架见图 2.2.1-1。

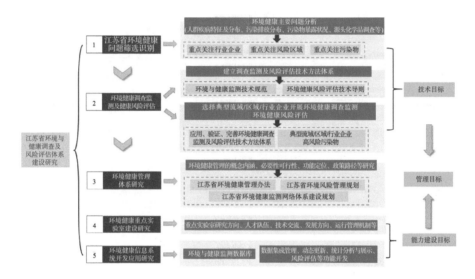

图 2.2.1-1　江苏省环境健康调查及风险评估体系建设研究框架

2.2.1.1　研究及筛选江苏省环境健康主要问题

收集与整理江苏省污染源调查统计数据、环境质量监测数据、环境有毒有害污染物、人群疾病和死因监测等数据资料，开展江苏省污染源、环境质量、人群健康调查与分析，重点剖析全省行业、企业污染排放时空分布特征、历史变迁、特征污染因子，以及全省人群疾病高发类型、分布区域、分布特征。结合国内外相关环境健康相关课题、文献、数据等资料，结合环境污染因子的特征和人群健康的分布特点，初步筛选江苏省重点关注的环境风险因子，研判全省环境健康问题，采用 GIS 技术等地理信息手段，构建典型区域小尺度数据与全省大尺度数据相结合的污染源-环境质量-人群健康信息库，初步确定环境问题、健康问题高发区域。

2.2.1.2　开展环境健康调查监测和风险评估

（1）开展典型行业企业、典型区域环境健康调查和风险评估

基于前期基础资料分析，筛选出典型行业企业、典型区域，开展环境健康试

点调查监测及风险评估工作,开展污染源、环境质量、人群外暴露调查监测,结合现有生态环境监测网络,进一步完善环境健康监测技术和方法,制订环境健康综合监测及风险评估技术规范。

(2) 开展典型流域环境健康调查监测和风险评估

基于前期基础资料分析,选择1~2个典型流域(如淮河、长江流域),开展环境健康试点调查监测及风险评估工作。合理布设监测点位,研究筛选具有潜在人体健康风险的特征污染因子,开展水体、土壤、环境空气等环境介质监测调查,实施典型流域健康风险评估。在此基础上构建流域环境健康调查监测和风险评估技术体系,为今后江苏省开展流域环境健康综合监测及风险评估业务化运行奠定基础。

2.2.1.3 建设江苏省环境健康监测管理信息系统

建设江苏省环境健康监测管理信息系统,集成全省污染源统计调查数据、常规环境监测数据、重点地区环境健康调查数据、人群疾病和死因监测数据、有毒有害污染物名录和优先控制化学品名录等资料数据,以及项目研究形成的环境健康综合监测及风险评估数据等,建立环境健康监测数据库,实现数据的集成管理、动态更新、数据查询、统计分析、空间分析等功能,同时优选建立环境健康风险评估模型,实现环境健康风险评估,结合 GIS 等技术,实现对查询分析结果的应用展示,为环境健康风险管理提供数据平台支撑。

2.2.1.4 建成江苏省环境健康研究重点实验室

以解决危害公众健康的突出环境问题为导向,以江苏省典型行业企业、流域和区域环境健康风险调查和评估为切入口,深入开展环境监测新方法新技术、环境健康综合监测调查、环境健康风险评估等研究,努力打造一支高水平的环境健康领域人才队伍,形成全省环境健康人才培养和技术交流基地,为环境健康管理工作提供技术支撑和人才保障。

2.2.1.5 开展环境健康政策法规研究,建立完善相关管理制度体系

开展环境健康监测、调查和风险评估制度研究,建立江苏省环境健康调查、监测和风险评估制度,制定江苏省环境健康管理办法。开展环境健康风险管理政策研究,提出将有毒有害污染物管理、环境健康风险评估与风险管理纳入环

境影响评价、排污许可、环境标准等制度的政策建议,建立环境健康监测、调查和风险评估为环境管理决策服务的机制,制定覆盖污染源监测、环境质量监测和人群外暴露监测的江苏省环境健康管理及监测网络体系建设规划。

2.2.2 解决的关键技术

2.2.2.1 环境健康地域风险划分技术

依托构建的江苏省污染源-环境质量-人群健康信息库,结合空间分析与统计调查等方法,分析江苏省污染源的污染因子和环境质量、人群健康因子之间的空间格局特征,识别具有潜在环境健康影响的风险因子,评估环境健康风险的影响程度。采用 GIS 聚类分析与叠加分析方法,分别划分江苏省环境风险影响地域、江苏省健康风险影响地域,进一步划定江苏省环境健康风险影响地域,形成江苏省环境健康地域风险划分技术。

2.2.2.2 环境健康监测技术

研究重点涵盖污染源监测、环境污染状况监测、人群暴露监测 3 个关键链条的环境健康监测技术。区别于环境调查,环境健康监测更侧重于人群暴露和风险监测,如何结合实际需要综合考虑监测指标、点位布设、监测频率等要素。目前国内外尚无完整的环境健康监测体系,项目通过全面梳理"全国重点地区环境与健康专项调查""环境健康风险哨点监测"等项目经验,建立统一、规范的环境健康综合监测技术规范,并在典型地区开展试点监测,可为实现环境健康风险管理提供重要的技术支撑。

2.2.2.3 环境健康风险评估技术

重点梳理国内外有关区域、流域、行业和建设项目环境健康风险评估技术方法,结合江苏省环境特点、人群分布等实际情况,制定适用于本省的区域、流域、行业环境健康风险评估技术规范,通过开展案例研究,验证并修改完善技术方法,为全省开展区域、流域、行业和建设项目风险评估提供示范。

2.2.2.4 环境健康风险管理技术

重点包括环境健康风险评估制度研究和环境健康风险管理政策研究等,提出在环境监测、调查和风险评估中纳入环境污染导致的人群健康影响，在风险管理目标方面满足环境健康管理对有毒有害污染物的管控要求，并涵盖开展环境健康监测、调查和风险评估工作的实用性技术细节。

2.3 研究技术路线

2.3.1 研究及筛选环境健康主要问题

通过全省污染物排放、环境暴露、人群疾病分布等方面基础信息资料收集和分析，选取各行业废水、废气污染物排放量较大的行业，并结合江苏省行业发展特征筛选出江苏省重点关注风险行业；识别出江苏省常见人群疾病高发类型，综合考虑从风险压力、风险应对、风险脆弱等方面构建江苏省环境健康问题风险评估方法，筛选出江苏省重点关注风险区域、重点关注污染物及风险因子清单，绘制全省环境健康风险地图，研判全省环境健康问题，为总体项目研究提供基础。环境健康问题筛选技术框架见图 2.3.1-1。

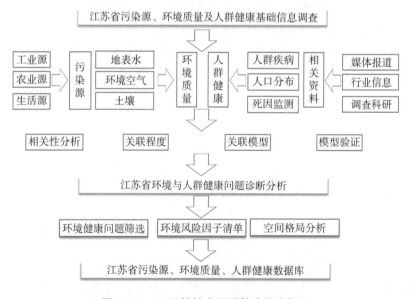

图 2.3.1-1 环境健康问题筛选技术框架

2.3.2 环境健康调查及风险评估技术方法研究

通过项目研究,编制《环境与健康监测技术规范》和《化学污染物环境健康风险评估技术导则》,解决如何开展环境健康调查监测、如何开展健康风险评估的问题,并将2项研究规范列入地方标准。

《环境与健康监测技术规范》的制订充分借鉴了"环境与健康风险哨点监测""江苏省重点地区环境与健康调查"和"江苏省典型区域环境与健康综合监测技术研究与应用"等项目经验,并与现有大气、土壤、疾病等技术规定有效衔接。以空间一致性、指标匹配性、内容针对性为原则,结合常规性环境监测工作,充分考虑环境健康问题的特点,加强与健康相关的特征污染物监测,充分反映空气、水、土壤、尘、食物等多种介质对人体健康状况影响,为环境健康风险管理提供科技支撑。

《化学污染物环境健康风险评估技术导则》的制订是在《生态环境健康风险评估技术指南 总纲》(HJ 1111—2020)的指导原则下,借鉴国内外相关技术导则体系的经验,结合江苏省污染行业特点,制订包含行业企业、区域和流域范围内的环境健康风险评价导则,并对常见特征污染物的毒性参数、推导方法、人群暴露参数等进行具体规定。规定了化学污染物环境健康风险评估的适用范围、规范性引用文件、术语和定义、评估程序、评估内容和方法,以及报告编制的要求;附录包含污染物的毒性参数查询数据库、推荐的暴露评估模型及变量赋值、致癌风险和危害商的推荐模型。

2.3.3 典型行业、区域和流域环境健康调查

在前期筛选出的重点关注风险区域、重点关注行业企业、重点关注污染物等基础上,依据制定的调查监测及风险评估技术方法体系,选择典型行业企业、区域和流域开展环境健康调查监测及风险评估。

2.3.3.1 典型行业、区域和流域筛选原则

典型行业、区域和流域的筛选原则为:一是基于环境问题和健康问题的已有研究成果;二是媒体高度关注的问题、具有较高环境健康风险的污染物因子和行业;三是监测区域应该有明确特征污染物排放源,且有较长时间的特征污染物排放史和较大的排放规模;四是特征污染物排放源周围有一定规模的暴露

人群,并具有明确的暴露途径;五是特征污染物调查及监测技术方法具有技术可行性和经济性。

选择典型行业和区域时需考虑到江苏省有代表性的重污染行业,如化工、农药、医药、钢铁、电力热电生产、固废处置等,行业特征污染物健康危害效应明确。选择典型流域时,因流域涉及地域范围广,首先从人群饮水健康的角度考虑,将饮用水水源地作为重要的调查对象;其次,以区县级城市范围为调查对象进行流域重点地区的筛选。

2.3.3.2 典型行业调查

通过文献调研、实地走访等形式,详细了解典型行业生产工艺、生产情况、污染物排放特点和污染防治技术等实际概况,同时参考全国污染源普查和典型行业污染物排放标准涉及的污染物种类,结合污染物人体健康危害特征(如致癌、致畸及致突变性、内分泌干扰性、生殖毒性等),选择垃圾焚烧行业、农药生产行业作为典型行业开展环境健康综合监测。典型行业企业特征污染物明确,影响范围较易界定,环境健康综合监测内容除包括环境质量、环境外暴露监测外,还增加了人群健康监测内容。点位布设上围绕企业周边(污染区),重点调查受影响人群居住聚集区,兼顾污染源、对照区。

2.3.3.3 典型区域调查

江苏省是化工大省,综合考虑地理位置、产业结构、排放特征污染物类型及周边人群分布等因素,在沿江地区选择1个化工集中区以及在沿海地区选择1个化工园区开展环境健康综合调查监测。结合常年主导风向及居民分布情况,监测点位布设分3类:第一类布设在社区、敏感人群等区域,开展环境质量和外暴露调查;第二类布设在污染源边界处,主要摸清大气污染排放情况;第三类为上风向对照和较远距离趋势及影响调查点。采集环境空气、土壤、积尘等样品,监测指标有重金属、挥发性有机物、多环芳烃和前期调查的园区特征污染物指标等。

2.3.3.4 典型流域调查

根据历史饮用水水源地调查、近5年内饮用水水源地监测中特征污染物检出情况、年取水量和覆盖人口数量大等因素叠加筛选,选择了长江流域14个饮用水水源地作为研究点位,采集水样进行重金属、挥发性有机物、抗生素和内分泌干扰物等指标监测。

流域区县级城市的选择,依据环境质量、全省化工园区分布、近几年突发环境污染事件分布、媒体报道存在环境污染导致健康问题的记录分布、全省人群健康资料等因素叠加筛选,选择了 2 个地区作为流域重点地区、选择 1 个对照区开展流域环境健康调查。环境健康综合监测内容包括污染源、环境质量、环境外暴露监测。污染源调查以历史资料分析为主。环境和外暴露调查分别在工业区和周边敏感人群布设点位,采集环境空气、土壤、水厂出水、末梢水、农作物、室外积尘等样品,调查监测指标有重金属、挥发性有机物、多环芳烃、抗生素和内分泌干扰物等。

2.3.4 环境健康管理研究

从环境健康调查、监测、风险评估、风险管理的对象和内容、实施主体、结果应用以及彼此之间的关系等内容入手,分析环境健康管理的概念内涵、功能定位,梳理生态环境部门和卫生健康部门在环境健康管理中的管理需求和职责分工,研究提出环境健康管理融入基于健康和生态风险的化学物质管理以及实施特定人群的健康风险管理政策路径。在此基础上,从制度建设、环境健康调查和风险评估、综合监测体系构建、环境健康管理和技术能力提升方面提出江苏省环境健康管理政策建议,编制形成《江苏省环境健康管理办法(试行)》《江苏省环境健康风险管理规划》,为江苏省环境健康管理提供技术支撑。环境健康风险管理技术路线见图 2.3.4-1。

2.3.5 环境健康监测管理信息系统建设

整合归集全省污染源、环境质量、历史环境健康调查数据、人群健康等各类环境健康相关资料数据,建立环境健康信息库,同时根据项目研究成果,应用相关性分析、回归分析、空间分析等多种统计分析手段,实现对环境健康数据的描述性统计与分析,实现环境健康风险评估。结合 Echarts 图表库、GIS 地图服务等技术,对查询分析结果及地图上的各种动态图表进行直观展现。系统主要功能包含:环境健康规范性文件查询、环境健康数据查询、重点管控污染物及优先控制化学品查询、环境健康风险评估、环境健康分布图、环境健康数据统计分析、环境健康空间关联分析等模块,实现全省环境健康监测数据的统一管理,为全省环境健康工作提供信息化技术支撑。

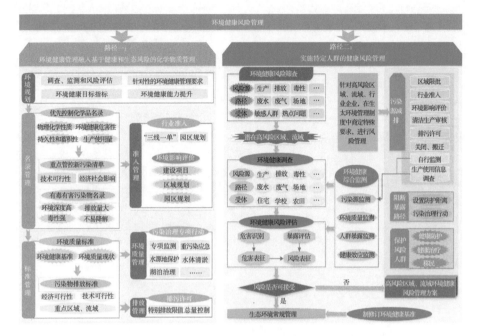

图 2.3.4-1　环境健康风险管理技术路线

2.3.6　环境健康研究重点实验室建设

依托江苏省环境监测中心"人、财、物、组织管理"等各方面条件,建设江苏省环境健康研究重点实验室。以新污染监测和健康风险研究为切入点,设立环境监测新方法新技术研发、环境健康综合监测调查研究、环境健康风险评估研究、生物健康与生物毒理研究、环境健康风险应急监测技术研究等重点研究方向,邀请环境健康领域专家,组建重点实验室学术委员会,决定实验室的研究方向、研究内容、开放项目指南等。建立以学科为基础的研究团队,培养学术带头人、领军人才,全面支撑江苏省环境健康管理工作,服务环境管理决策。

第三章
江苏省生态环境质量状况

3.1 生态环境质量

3.1.1 环境空气

3.1.1.1 监测概况

截至 2020 年,全省共建有空气质量自动监测国控站点 72 个,省控站点 115 个;监测频次为实时自动监测,监测指标包括二氧化硫(SO_2)、二氧化氮(NO_2)、可吸入颗粒物(PM_{10})、细颗粒物($PM_{2.5}$)、臭氧(O_3)、一氧化碳(CO)以及气象参数等。设区市环境空气质量采用 72 个国控站点的自动监测数据进行统计分析及评价。评价标准依据《环境空气质量标准》(GB 3095—2012)、《环境空气质量评价技术规范(试行)》(HJ 663—2013)和《环境空气质量指数(AQI)技术规定(试行)》(HJ 633—2012)。评价指标为 SO_2、NO_2、PM_{10}、$PM_{2.5}$、O_3、CO 共 6 项指标。

3.1.1.2 设区市环境空气质量

(1)环境空气优良天数比例

从日达标情况来看,2020 年全省设区市环境空气质量平均优良天数比例为

81.0%,同比上升9.6个百分点。超标天数比例为19.0%,其中轻度、中度和重度污染天数分别占15.4%、2.8%和0.8%,未出现严重污染。13个设区市优良天数在261~321天之间,优良天数比例在71.3%~87.7%之间(图3.1.1-1)。

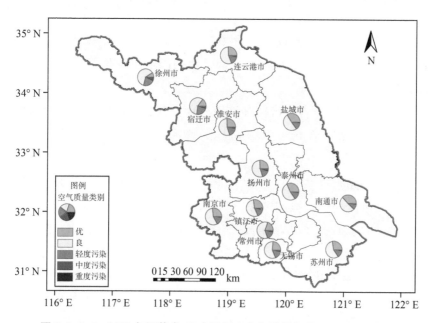

图 3.1.1-1 2020年江苏省13个设区市空气质量指数(AQI)级别比例

(2)主要污染物

2020年,全省设区市环境空气中主要污染物SO_2、NO_2、PM_{10}和$PM_{2.5}$的年平均浓度分别为8、30、59和38 $\mu g/m^3$,同比分别下降11.1%、11.8%、15.7%和11.6%。O_3日最大8小时均值第90百分位浓度为164 $\mu g/m^3$,同比下降5.2%。CO日均值第95百分位浓度为1.1 mg/m^3,同比下降8.3%。

细颗粒物($PM_{2.5}$):全省设区市环境空气中$PM_{2.5}$年均浓度为38 $\mu g/m^3$;各市年均浓度在31~50 $\mu g/m^3$之间;按日均值评价,13市达标率为84.4%~96.2%。

可吸入颗粒物(PM_{10}):全省设区市环境空气中PM_{10}年均浓度为59 $\mu g/m^3$;13市年均浓度范围在46~82 $\mu g/m^3$之间。按日均值评价,13市达标率为84.4%~96.2%。

臭氧(O_3):全省设区市环境空气中O_3日最大8小时均值第90百分位浓度为164 $\mu g/m^3$,各市浓度处于148~176 $\mu g/m^3$之间。按日均值评价,13市达标率为 86.1%～93.7%。

二氧化氮（NO_2）：全省设区市环境空气中 NO_2 年均浓度为 30 $\mu g/m^3$。13 市年均浓度在 22～38 $\mu g/m^3$ 之间。按日均值评价，13 市达标率为 98.4%～100%。

二氧化硫（SO_2）：全省设区市环境空气中 SO_2 年均浓度为 8 $\mu g/m^3$；13 市年均浓度处于 5～10 $\mu g/m^3$ 之间。按日均值评价，13 市达标率均为 100%。

一氧化碳（CO）：全省设区市环境空气中 CO 日均值第 95 百分位浓度为 1.1 mg/m^3，各市浓度在 0.8～1.4 mg/m^3 之间。按日均浓度评价，13 市达标率均为 100%。

"十三五"期间，全省设区市 SO_2、PM_{10} 年均浓度明显下降，NO_2、$PM_{2.5}$、CO、O_3 年均浓度变化趋势不显著。其中，SO_2 和 PM_{10} 年均浓度 5 年变化秩相关系数（r_s）均为 -1.000，呈明显下降趋势；NO_2、$PM_{2.5}$ 和 CO 年均浓度 5 年变化秩相关系数（r_s）分别为 -0.550、-0.850、-0.850，下降趋势不显著；O_3 年均浓度 5 年变化秩相关系数（r_s）为 0.800，呈上升趋势但不显著（图 3.1.1-2）。

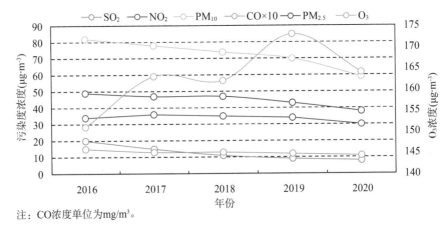

注：CO浓度单位为mg/m³。

图 3.1.1-2　2016—2020 年江苏省环境空气中主要污染物浓度变化

（3）江苏省 $PM_{2.5}$ 年均浓度与国际水平对比

2020 年，江苏省 $PM_{2.5}$ 年均浓度为 38(37.8) $\mu g/m^3$，仍超过世卫组织过渡期第一阶段目标限值（35 $\mu g/m^3$），与周边及欧美发达国家平均水平尚存在明显差距。韩国、日本 2020 年 $PM_{2.5}$ 年均浓度较江苏省分别低 18.3 和 28.0 $\mu g/m^3$，欧美发达国家年均浓度较江苏省低 26.7～32.8 $\mu g/m^3$，印度年均浓度较江苏省高 14.1 $\mu g/m^3$。以江苏省代表性设区市与国际城市对比来看，南京、苏州 2 市 $PM_{2.5}$ 浓度仅略低于世卫组织过渡期第一阶段目标限值，与韩国、日本及欧美发达国家首都城市尚有不小差距（图 3.1.1-3、图 3.1.1-4）。

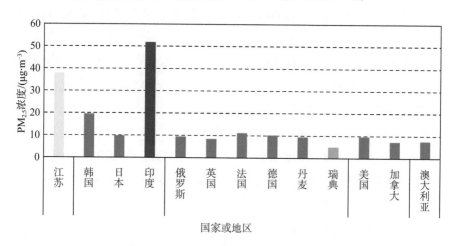

图 3.1.1-3　2020 年江苏省 $PM_{2.5}$ 年均浓度与国际水平对比

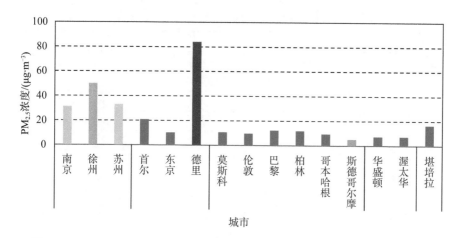

图 3.1.1-4　2020 年南京、徐州、苏州 3 市 $PM_{2.5}$ 年均浓度与国外首都城市对比

注：国际数据来源于 IQAir《2020 全球空气质量报告》，报告基于 106 个国家的地面监测站测量的 $PM_{2.5}$ 数据，$PM_{2.5}$ 平均浓度采用数据所覆盖人口加权平均计算。来源网站：https://www.iqair.com/us/world-most-polluted-countries。

3.1.1.3 挥发性有机物(VOCs)及颗粒物组分监测

(1) VOCs 组分监测

根据《生态环境部关于印发〈2018 年重点地区环境空气挥发性有机物监测方案〉的通知》(环办监测函〔2017〕2024 号)和《生态环境部关于印发〈2019 年地级及以上城市环境空气挥发性有机物监测方案〉的通知》(监测函〔2019〕11 号)等文件要求,自 2018 年起,每年 4—9 月,江苏省 13 个设区市在上风向或背景点位、VOCs 高浓度点、臭氧高浓度点与下风向点各布设 1 个手工监测点位,监测项目包括 57 种 PAMS(Photochemical Assessment Monitoring Station)物质和 13 种醛、酮类物质,监测频次为 1 次/6 天。

监测结果显示:2020 年 4—9 月,全省环境空气 VOCs 平均浓度为 20.0 ppbv,13 个设区市 VOCs 浓度水平为 13.6~35.0 ppbv。从化学组成来看,烷烃是我省环境空气中 VOCs 最主要的组成成分,13 个设区市烷烃占比为 50.0%~71.0%;芳香烃占比为 11.0%~34.4%,烯烃占比为 6.2%~18.6%,炔烃的占比相对较低(图 3.1.1-5)。

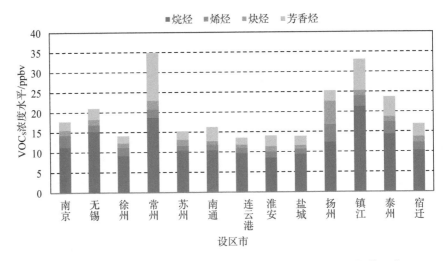

图 3.1.1-5　2020 年 4—9 月 13 个设区市 VOCs 浓度水平及化学组成

(2) 颗粒物组分监测

根据《生态环境部关于印发〈2019 年国家大气颗粒物组分监测方案〉的通

知》(环办监测函〔2019〕324 号)和《生态环境部关于印发〈2020 年国家大气颗粒物组分监测方案〉的通知》(环办监测函〔2019〕899 号)要求,自 2019 年 10 月起,江苏省 13 个设区市统一开展 $PM_{2.5}$ 手工采样工作,主要用于分析 $PM_{2.5}$ 质量浓度、水溶性离子、无机元素、碳组分等。手工采样监测频次为 1 次/3 天,采样时长为 23 小时(当日 9:00—次日 8:00),如遇以 $PM_{2.5}$ 为首要污染物的重污染天气,应开展加密监测。

从全省 $PM_{2.5}$ 化学组成看,2019 年 10 月—2020 年 12 月全省环境空气 $PM_{2.5}$ 的主要组分为硫酸盐(SO_4^{2-})、硝酸盐(NO_3^-)、铵盐(NH_4^+)、有机物($OM=1.6×OC$)、地壳物质和微量组分,其在总质量浓度中的含量占比分别为 12.0%、21.9%、10.5%、22.3%、8.5% 和 9.9%,有机物占比最高,硝酸盐次之,硫酸盐和铵盐分居第 3 和第 4 位。硫酸盐、硝酸盐、铵盐合称为 SNA,是 $PM_{2.5}$ 中典型的二次污染物,其主要来源于 NO_X、SO_2、NH_3 等气态前体物在大气中发生的复杂化学变化。全省 SNA 在 $PM_{2.5}$ 中的占比为 44.5%,是 $PM_{2.5}$ 的主要组成部分,体现了 $PM_{2.5}$ 二次污染问题突出。

各设区市 $PM_{2.5}$ 组分构成基本一致,对 $PM_{2.5}$ 贡献较大的物种主要是硫酸盐、硝酸盐、铵盐、有机物、元素碳、地壳元素和微量组分。从具体组分看,各设区市 $PM_{2.5}$ 中硫酸盐占比为 10.1%～12.5%,硝酸盐占比为 17.6%～26.5%,铵盐占比为 8.6%～13.0%,有机物占比为 15.4%～27.5%,元素碳占比为 2.9%～4.6%,地壳元素占比为 3.4%～13.3%,微量组分占比为 8.6%～11.8%。

3.1.2　地表水环境

3.1.2.1　监测概况

"十三五"初期,根据《关于印发"十三五"江苏省地表水和地下水环境质量监测网络设置方案的通知》(苏环办〔2016〕144 号),江苏省共设置地表水省控断面(点位)664 个,五年间因实际工作需要几经调整,2020 年实际开展监测的地表水省控断面(含河流断面和湖库点位)共 691 个(图 3.1.2-1)。

依据年度全省生态环境监测方案要求,监测频次为每月监测 1 次,监测项目为《地表水环境质量标准》(GB 3838—2002)表 1 中规定的 24 项;河流加测电导率、水位与流量,交界断面加测流向,出入湖河流河口加测透明度、叶绿素 a

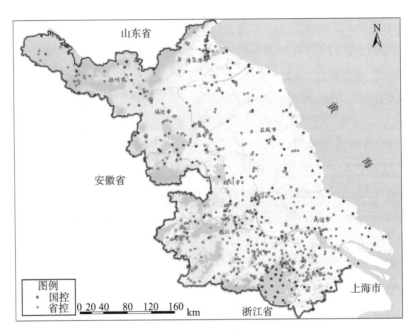

图 3.1.2-1　江苏省地表水环境质量手工监测断面分布示意

和悬浮物,湖库加测水位、透明度、叶绿素 a 及悬浮物。

水质评价主要依据《地表水环境质量标准》(GB 3838—2002)和《地表水环境质量评价办法(试行)》(环办〔2011〕22 号)。

3.1.2.2　水环境质量

2020 年,全省地表水水质总体达到良好状态,河流水质好于湖库(图3.1.2-2)。691 个省控断面中,暂无Ⅰ类水质断面,Ⅱ～Ⅲ类水质断面比例为78.5%,较 2019 年提高 4.3 个百分点;有 20.0%的断面水质处于Ⅳ～Ⅴ类,较2019 年下降 4.2 个百分点;有 1.5%的断面水质劣于Ⅴ类,总体与 2019 年持平。

河流整体水质处于良好状态,水质处于Ⅱ～Ⅲ类断面比例为 83.3%,劣Ⅴ类水质断面比例为 1.5%;湖库整体水质处于轻度污染状态,37.5%的点位水质处于Ⅱ～Ⅲ类,劣Ⅴ类点位占比为 1.4%。与 2019 年相比,河流Ⅱ～Ⅲ类水质断面上升 4.9 个百分点,湖库点位则下降 1.3 个百分点,二者劣Ⅴ类断面(点位)占比均无明显变化。

总磷、氨氮和化学需氧量等 3 项指标是影响全省地表水水质的主要污染

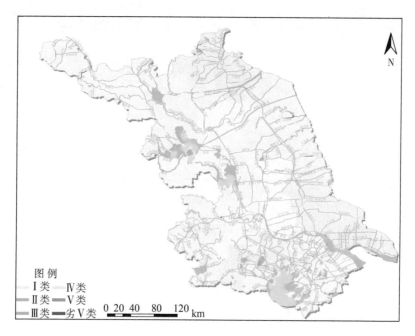

图 3.1.2-2　2020 年江苏省地表水水质状况分布示意

物,其年均浓度分别为 0.124、0.42 和 14.8 mg/L,其断面(点位)超Ⅲ类比例分别为 16.4%、7.4% 和 6.3%。与 2019 年相比,总磷、氨氮年均浓度分别下降 16.0% 和 2.4%,化学需氧量年均浓度略升 0.7%。河流与湖库主要污染特征略有差异,湖库受总磷影响更为明显,其点位超Ⅲ类比例达 61.1%,与 2019 年相比,湖库总磷年均浓度上升 9.0%,而河流总磷超Ⅲ类断面比例仅为 9.4%。影响河流水质的第 2 大污染指标为氨氮,有 6.8% 的河流断面氨氮指标出现超标情况;第 3 大污染指标为化学需氧量,有 5.5% 的河流断面化学需氧量指标出现超标情况。湖库水质情况有所不同,影响湖库水质的第 2 大污染指标为化学需氧量,有 4.3% 的湖库点位出现化学需氧量超标情况;第 3 大污染指标为氨氮,有 1.4% 的湖库点位出现氨氮超标情况,低于河流断面氨氮超标比例。

　　"十三五"期间,全省地表水环境质量总体呈显著改善趋势,水质符合Ⅲ类断面比例显著上升(r_s=1.000),劣Ⅴ类断面比例显著下降(r_s=-1.000)。2020 年平均水质由轻度污染改善至良好状态,与"十二五"末(2015 年)相比,符合Ⅲ类断面比例提高 26.9 个百分点,劣Ⅴ类断面比例下降 7.1 个百分点(图 3.1.2-3)。

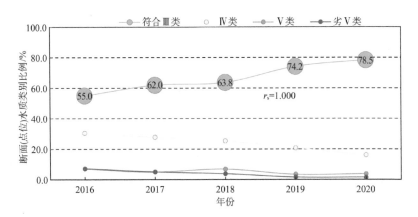

图 3.1.2-3 2016—2020 年江苏省省控断面水质类别比例变化

3.1.3 饮用水水源地

3.1.3.1 监测概况

江苏省县级及以上集中式饮用水水源地实施逐月监测,同时地级水源地每年开展 1 次水质全项目分析。常规监测指标包括《地表水环境质量标准》(GB 3838—2002)表 1 的基本项目(23 项,化学需氧量除外)、表 2 的补充项目(5 项)和表 3 的优选特定项目(33 项),共 61 项,湖库型加测透明度和叶绿素 a。全分析监测项目为《地表水环境质量标准》中的 109 项。

水质评价根据《全国集中式生活饮用水水源地水质监测实施方案》(环办函〔2012〕1266 号)要求开展,评价指标为表 1 的 20 项指标(水温、化学需氧量、总氮和粪大肠菌群不参与评价)、表 2 补充项目 5 项指标和表 3 特定项目中的 33 项指标,共计 58 项。对照《地表水环境质量标准》(GB 3838—2002)Ⅲ类标准限值或水源地特定指标限值,依据《水污染防治行动计划实施情况考核规定》(环水体〔2016〕179 号)进行达标评价,逐月达标水源地则为年度达标。

2020 年,江苏省共对 116 个地表水型水源地开展监测,按水源地级别划分,地级水源地 56 个,县级水源地 60 个;按使用属性划分,在用水源地 97 个,应急备用水源地 19 个。

3.1.3.2 水质现状

2020 年,全省实际监测的 116 个水源地中,有 101 个水质达标,达标率为

87.1%,较 2019 年上升 8.2 个百分点。超标项目包括总磷、溶解氧、氨氮、高锰酸盐指数、五日生化需氧量。

长江和太湖仍是全省最主要的取水水源地。2020 年,长江取水量为 339 670 万 m^3,占年取水总量的 49.5%,自太湖取水约 95 196 万 m^3,占 13.9%。从水源地水量达标情况看,2020 年,全省达标取水量共 675 032 万 m^3,水量达标率为 98.4%,超标取水量共 11 216 万 m^3,占取水总量的 1.6%。

"十三五"期间,江苏省县级及以上集中式饮用水水源地水质总体稳定,部分年份水质略有波动。除 2019 年外,水源地达标率均保持在 80% 以上。

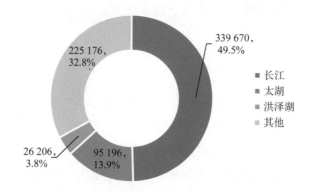

图 3.1.3-1　2020 年江苏省主要县级及以上集中式饮用水水源地主要水源取水量(万 m^3)及占比

3.1.3.3　特定污染物分析

2020 年,江苏省对 25 个国家考核的地级及以上集中式饮用水水源地开展全项目分析评价。结果显示,25 个地表水集中式饮用水水源地补充项目和特定项目全部达标,达标率为 100%。

80 项特定项目中,有 65 项浓度低于检出限,占 81.3%;检出 15 项,占 18.7%。检出的 15 项项目,检出率为 4%~100%,其中钼和钡的检出率达到 100%;二氯甲烷、乙醛、铊的检出率最低,均为 4%;其余 13 项检出率为 8%~ 96%,其中检出率大于 50% 的有钴、硼、锑、镍、钒、钛。按单个水源地统计,25 个水源地均有特定项目检出,检出率为 5.0%~13.8%。

"十三五"期间,江苏省 25 个地级集中式饮用水水源地 80 项特定污染物浓度达标情况保持稳定,达标率均为 100%。

3.2 污染源排放状况

3.2.1 废气污染源

"十三五"期间,全省能源消费总量呈缓慢增长态势,能源消耗仍以煤炭为主,电力、热力的生产和供应业为煤炭消耗主要行业,但工业用煤量呈下降趋势,清洁能源使用比例显著上升。虽然全省废气排放量继续增加,但由于全省上下加强大气污染防治管控,主要废气污染物排放量大幅下降。

3.2.1.1 工业废气

（1）工业能源消耗

根据全省环境统计数据,2020 年,全省工业煤炭消费总量达 24 623.6 万 t,焦炭消费量 3 791.1 万 t,工业燃油消费量 37 万 t,天然气消费量 205 亿 m³。全省仍以煤炭为主要能源,且煤主要用作燃料燃烧。2020 年,全省燃料煤消费量为 22 682.3 万 t,占工业总煤耗的 92.1%,其中电力、热力生产和供应业为煤炭消耗主要行业,耗煤总量 17 009.5 万 t,占全省工业总煤耗的 69.1%。13 个设区市中,苏州、南京、无锡能源消费量在全省处于前列(图 3.2.1-1)。

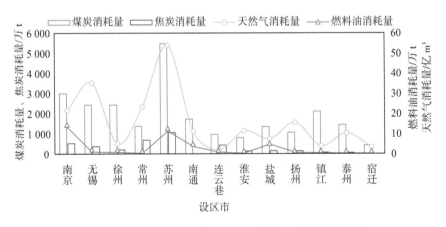

图 3.2.1-1　2020 年江苏省 13 个设区市主要能源消耗量

"十三五"期间,全省天然气消费量呈显著上升趋势(r_s ＝1.000),煤炭和燃料油消费量呈下降趋势,但未达到显著水平(r_s 均为－0.900),焦炭消费量基本稳定($r_s=0.300$)。与"十二五"末相比,全省天然气消费量增加约 1 倍,煤炭和燃料油消费量分别降低 8.8%、36.4%,焦炭消费量增加 26.9%(图 3.2.1-2)。

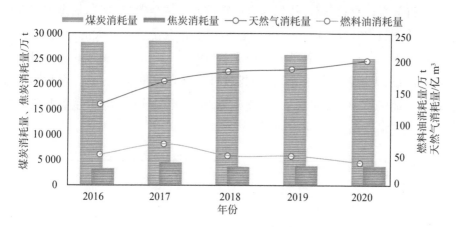

图 3.2.1-2　2016—2020 年江苏省主要能源消耗量变化

(2) 工业废气及主要污染物排放

2020 年,全省工业废气排放总量为 76 456.0 亿 m^3,废气治理设施数量为 27 247 套,处理能力达 31.4 亿 m^3/h。

全省工业废气排放进一步向重点行业集中。黑色金属冶炼及压延加工业稳居全省各行业废气排放量之首,占比 37.3%;其次为电力、热力的生产和供应业,占比 21.2%(图 3.2.1-3)。

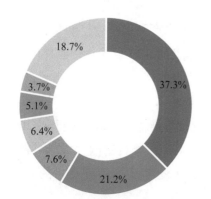

- 黑色金属冶炼和压延加工业
- 电力、热力生产和供应业
- 计算机、通信和其他电子设备制造业
- 非金属矿物制品业
- 化学原料和化学制品制造业
- 金属制品业
- 其他行业

图 3.2.1-3　2020 年江苏省主要行业工业废气排放占比

2020 年,全省工业废气中二氧化硫、氮氧化物、颗粒物、挥发性有机物排放量分别为 10.8 万 t、19.1 万 t、14.0 万 t、20 万 t。

从区域分布来看,苏州市二氧化硫、氮氧化物排放量均居全省首位,分别占全省排放总量的 24.0%、24.5%;南京市颗粒物排放量占全省 15.6%,居全省颗粒物排放量之首;泰州市挥发性有机物排放量占全省 25.5%,居全省挥发性有机物排放量之首(图 3.2.1-4)。此外,二氧化硫排放量较大的地区有无锡、连云港和南京 3 市,合计排放量占全省总量的 32.1%;氮氧化物排放量较大的地区有南京、无锡和常州 3 市,合计排放量占全省总量的 33.4%;颗粒物排放量较大的地区有苏州、连云港、无锡和常州 4 市,合计排放量占全省总量的50.4%。

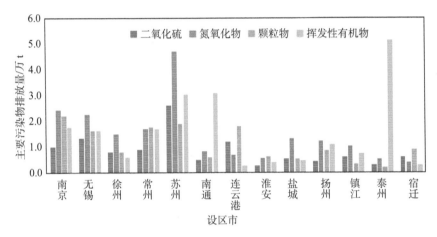

图 3.2.1-4 2020 年江苏省 13 个设区市工业废气中主要污染物排放量

从行业分布来看,2020 年,电力、热力的生产和供应业依然是全省废气污染物排放量最大的行业,其二氧化硫和氮氧化物排放量居各行业首位,分别排放 4.8 万 t 和 7.9 万 t,分别占全行业总量的 43.9% 和 41.2%;颗粒物排放量为 1.1 万 t,居各行业第 4 位,占全行业总量的 7.9%。

黑色金属冶炼及压延加工业是全省废气污染物排放第 2 大行业,其颗粒物排放量约为 7.0 万 t,占全行业排放总量的 49.7%,居各行业之首;二氧化硫和氮氧化物排放量分别为 3.4 万 t 和 6.1 万 t,分别占全行业总量的 31.8% 和32.0%。

非金属矿物制品业也是废气污染物排放的重点行业之一,其二氧化硫、氮氧化物和颗粒物排放量分别为 0.8 万 t、1.9 万 t 和 4.4 万 t,分别占全行业总量的 7.3%、10.0% 和 31.5%。

化学原料和化学制品制造业,铁路、船舶、航空航天和其他运输设备制造业,计算机、通信和其他电子设备制造业以及橡胶和塑料制品业是挥发性有机物排放重点行业,其挥发性有机物合计排放量占全行业总量的 62.5%。

"十三五"期间,在全省工业总产值仍呈增长的趋势下,工业废气排放总量亦保持增长态势,但趋势不显著(r_s=0.700),随着电力行业脱硫、脱硝以及超低排放改造等污染减排工程的深入推进,二氧化硫、氮氧化物、颗粒物等排放量继续大幅下降,下降趋势显著(r_s 均为−1.000,图 3.2.1-5)。

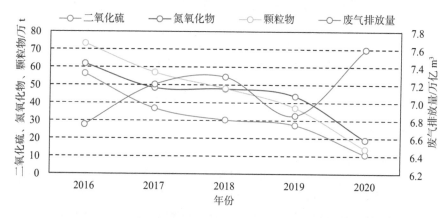

图 3.2.1-5 2016—2020 年江苏省工业废气及主要污染物排放量变化

3.2.1.2 机动车尾气

2020 年,全省机动车保有量 2 065.9 万辆,其中载客汽车保有量最大,达 1 821.8 万辆,占机动车总量的 88.2%。摩托车(普通、轻便)、载货汽车、低速汽车(三轮汽车、低速货车)保有量分别为 123.2 万辆、114.8 万辆、6.0 万辆,分别占机动车总量的 6.0%、5.6% 和 0.3%。设区市中,苏州、南京、无锡 3 市保有量处于全省前列,分别达到 428.1 万辆、269.5 万辆、218.1 万辆,3 市合计占全省总量的 44.2%,镇江、淮安 2 市相对较少,略超过 70 万辆(图 3.2.1-6)。

2020 年,全省机动车氮氧化物排放量为 27.6 万 t,其中载客汽车、载货汽车、低速汽车、摩托车排放量分别占 22.1%、76.3%、1.2%、0.3%。颗粒物排放量为 0.36 万 t,其中载客汽车、载货汽车、低速汽车排放量分别占 11.0%、82.7%、6.3%。挥发性有机物排放量为 11.0 万 t,其中载客汽车、载货汽车、低

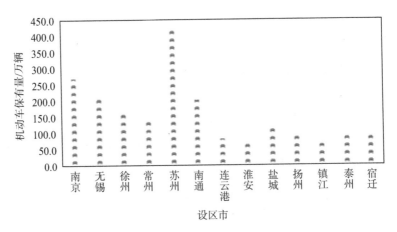

图 3.2.1-6 2020 年江苏省 13 个设区市保有量

速汽车、摩托车排放量分别占 86.6%、10.2%、1.0%、2.2%。载客汽车、载货汽车是机动车污染物排放大户。

"十三五"期间,全省机动车保有量呈显著上升趋势($r_s=1.000$),年均增速达到 12.9%。13 个设区市年均增速均超过 11%,宿迁、连云港、徐州 3 市年均增速居全省前列,分别达到 16.3%、15.3%、14.9%。

全省机动车颗粒物排放量总体呈波动下降趋势($r_s=-0.700$),但趋势不显著;氮氧化物排放量总体保持稳定($r_s=-0.100$,图 3.2.1-7)。

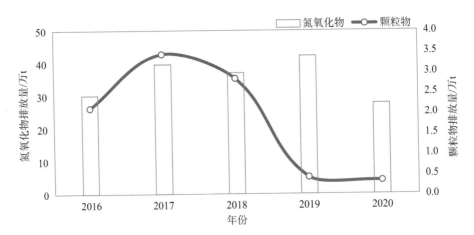

图 3.2.1-7 2016—2020 年江苏省机动车主要污染物排放量变化

3.2.2 废水污染源

"十三五"期间,全省废水排放总量仍有所上升,其中工业废水排放总量呈下降态势,生活污水排放总量呈上升态势。同时,全省污水处理能力不断提升,废水中化学需氧量、氨氮等主要污染物排放量显著下降。

3.2.2.1 工业废水

2020年,全省工业废水排放总量约11.5亿t,13个设区市中,苏州市工业废水排放量最大,占全省排放总量的24.6%,其次是无锡、南京和南通3市,分别占全省总量的15.5%、11.2%和10.5%。

工业废水排放主要行业为纺织业,其次是计算机、通信和其他电子设备制造业,化学原料及化学制品制造业和造纸及纸制品业,行业排放量均超过1亿t,4个行业合计废水排放量占全行业总量的66.3%。

根据江苏省环境统计数据,2020年,13种工业废水污染物排放量分别为:化学需氧量6.1万t,氨氮0.2万t,总氮1.3万t,总磷0.04万t,石油类0.02万t,挥发酚4.4t,氰化物2.6t,砷6.5kg,铅0.3t,镉0.1kg,汞0.1kg,总铬2.0t,六价铬0.4t。

从区域分布来看,化学需氧量排放量较大的地区为苏州、宿迁、盐城和无锡4市,其排放量分别占全省总量的22.9%、11.4%、11.2%和10.1%;氨氮排放量较大的地区为苏州、宿迁、无锡和盐城4市,其排放量分别占全省总量的23.9%、15.6%、10.2%和8.7%。

从行业分布来看,纺织业、造纸和纸制品业、化学原料及化学制品制造业是江苏省工业废水污染物排放重点行业,其中纺织业化学需氧量排放量1.6万t,氨氮排放量0.06万t,分别占工业排放总量的27.0%、22.7%,均居各行业之首。

"十三五"期间,江苏省加快推进重点行业工程和结构减排,关闭了一批工艺落后、污染严重的化工、造纸和纺织企业,行业污染物减排工程由重点行业向全行业延伸,全省工业废水及化学需氧量、氨氮、总磷等主要污染物排放均呈显著下降趋势(r_s 均为-1.000),总氮排放量呈下降趋势,但未达到显著水平($r_s=-0.900$,图3.2.2-1)。

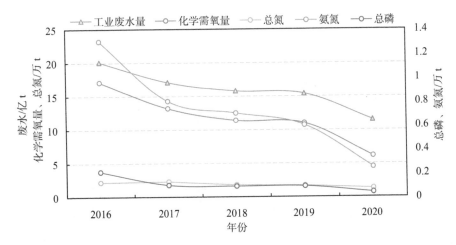

图 3.2.2-1　2016—2020 年江苏省废水及主要污染物排放量变化

3.2.2.2　城镇生活污水

2020 年,全省城镇生活污水排放量为 40.7 亿 t,生活污水中化学需氧量、氨氮、总氮和总磷排放量分别为 72.6 万 t、6.1 万 t、11.7 万 t 和 0.7 万 t。

13 个设区市中,生活污水排放量和各主要污染物排放量较大的地区为苏州、南京和无锡 3 市,其生活污水排放量分别占全省总量的 24.3%、23.3% 和 9.7%,合计约占全省的 50%;生活化学需氧量排放量分别占全省总量的 19.2%、23.8% 和 6.2%;生活氨氮排放量分别占全省总量的 22.3%、25.3% 和 9.0%;生活总氮排放量分别占全省总量的 22.6%、23.7%、8.6%;生活总磷排放量分别占全省总量的 18.7%、24.9%、5.5%。

"十三五"期间,全省生活污水排放量基本保持稳定($r_s = -0.100$),生活污水中化学需氧量排放量上升趋势不显著($r_s = 0.600$);氨氮、总氮、总磷排放量均呈下降趋势,其中总磷排放量下降趋势达到显著水平($r_s = -1.000$),氨氮和总氮排放量变化趋势不显著(r_s 分别为 -0.900、-0.600,图 3.2.2-2)。

3.2.2.3　污水处理厂

截至 2020 年,全省共有污水处理厂 811 家,其中城镇污水处理厂 621 家,工业废水集中处理厂 166 家,其余为农村等集中式污水处理设施,污水设计处理能力达 2 051.6 万 t/日。污水处理厂分布较多的地区主要为苏州、南京、无

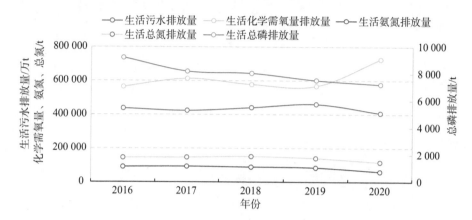

图 3.2.2-2　2016—2020 年江苏省生活污水及主要污染物排放量变化

锡,3 市污水设计处理能力分别占全省总量的 20.0%、15.2%、13.2%,合计占全省总处理能力的近 50%。

2020 年,全省污水处理厂实际处理污水 60.3 亿 t,其中生活污水 48.1 亿 t,工业废水 12.2 亿 t,分别占 79.8% 和 20.2%。南京、徐州 2 市生活污水处理比例较高,分别占各市污水实际处理量的 90.2%、91.1%,南通、无锡和泰州 3 市工业废水处理比例较高,分别占污水实际处理量的 31.3%、27.4% 和 26.4%。

全省污水处理厂化学需氧量、氨氮、总氮和总磷去除量分别为 133.4 万 t、12.6 万 t、13.2 万 t 和 1.8 万 t。

"十三五"期间,全省污水处理厂数量总体保持稳定(r_s=0.121),但设计处理能力、实际处理量和总磷去除量均呈显著上升趋势(r_s 均为 1.000),化学需氧量去除量、氨氮去除量、总氮去除量和再生水利用量均呈上升趋势,但均未达到显著水平(r_s 分别为 0.700、0.900、0.900、0.900)。

第四章
江苏省环境健康问题识别

本研究在对全省生态环境质量、污染源排放、人群健康状况等方面开展调查的基础上，识别和筛选江苏省重点关注的行业、区域及重点风险因子等，为开展环境健康调查、环境健康管理制度体系建设等提供技术支撑。

4.1 重点关注行业筛选与识别

4.1.1 研究技术路线及数据来源

江苏省环境健康重点关注行业筛选研究技术路线见图 4.1.1-1。所用的数据资料包括：2015—2020 年环境统计数据；江苏省 53 家化工园区基本信息与相关文件；江苏省 169 家工业园区基本信息、环评情况等相关文件。

4.1.2 筛选过程

根据 2015—2020 年环境统计数据，计算江苏省各行业废水、废气污染物排放量，选取各年排放量均较大的行业，并结合江苏省行业发展特征以及相关资料筛选出江苏 8 大重点行业。2015—2020 年江苏省各行业废水、废气主要污染物排放量情况见图 4.1.2-1～图 4.1.2-3。

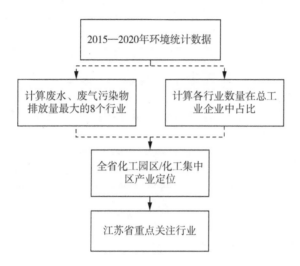

图 4.1.1-1　江苏省重点关注行业筛选技术路线

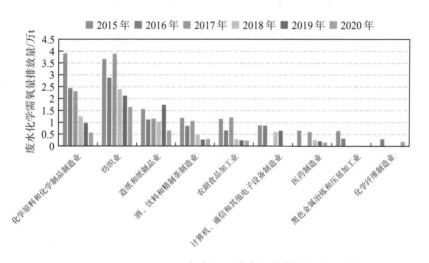

图 4.1.2-1　2015—2020 年各行业废水中化学需氧量排放量

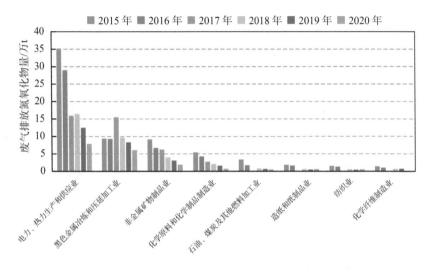

图 4.1.2-2　2015—2020 年各行业废气中氮氧化物排放量

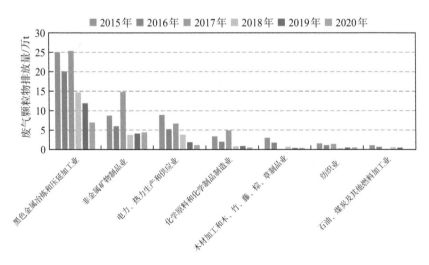

图 4.1.2-3　2015—2020 年各行业废气中颗粒物排放量

以 2017 年和 2020 年环境统计数据为基础进行计算，8 大行业所含企业数量约占全省企业总数的一半左右。2017 年，在全省范围，调查研究区重点企业 10 317 家，8 大重点行业企业共计 5 924 家，占总工业企业的 57.4%。其中，纺织业 1 660 家，化学原料和化学制品制造业 2 008 家，造纸和纸制品业 174 家，黑色金属冶炼和压延加工业 276 家，金属制品业 1 126 家，石油、煤炭及其他燃料加工业 59 家，医药制造业 364 家，电力、热力生产和供应业 257 家（图 4.1.2-4）。

2020 年，在全省范围，调查研究区重点企业 10 497 家，8 大重点行业企业共计 5 232 家，占总工业企业的 49.8%。其中，纺织业 1 582 家，化学原料和化学制品制造业 1 313 家，造纸和纸制品业 164 家，黑色金属冶炼和压延加工业 300 家，金属制品业 1 224 家，石油、煤炭及其他燃料加工业 45 家，医药制造业 341 家，电力、热力生产和供应业 263 家（图 4.1.2-5）。

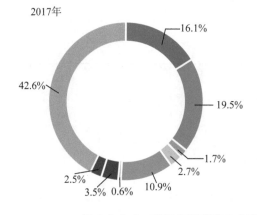

图 4.1.2-4　2017 年江苏省 8 大重点行业企业数量占比

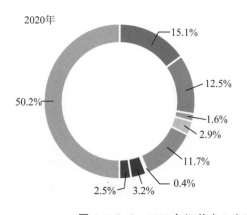

图 4.1.2-5　2020 年江苏省 8 大重点行业企业数量占比

4.1.3 筛选结果

共筛选出 8 个重点行业,分别为:纺织业,造纸与纸制品业,石油、煤炭及其他燃料加工业,化学原料和化学制品制造业,医药制造业,黑色金属冶炼和压延加工业,金属制品业,电力、热力生产和供应业,见表 4.1.3-1。

表 4.1.3-1　江苏省八大重点关注行业

序号	行业大类	行业编码
1	纺织业	17
2	造纸和纸制品业	22
3	石油、煤炭及其他燃料加工业	25
4	化学原料和化学制品制造业	26
5	医药制造业	27
6	黑色金属冶炼和压延加工业	31
7	金属制品业	33
8	电力、热力生产和供应业	44

4.2 重点关注区域筛选与识别

4.2.1 研究技术路线及数据来源

江苏省重点关注区域筛选与识别研究技术路线见图 4.2.1-1。具体数据资料主要包括:2015—2020 年环境统计数据;2015—2020 年江苏省 13 个地市统计年鉴;2015—2020 年江苏省 96 个区县饮用水源地水质达标情况;2015—2020 年江苏省 96 个区县地表水水质达标率、大气优良天数比率、生态环境质量指数;2015—2020 年江苏省 96 个区县 11 种疾病死亡人数。

4.2.2 江苏省环境健康问题风险评估

4.2.2.1 模型的构建

应用灾害风险理论,从风险压力、风险应对、风险脆弱 3 方面选取 17 项指标(与经典的"压力-状态-响应"评估模型相吻合),构建江苏省环境健康问题风

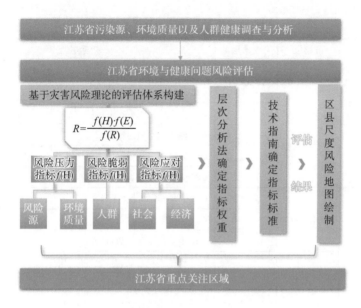

图 4.2.1-1　江苏省重点关注行业筛选技术路线

险评估体系,运用层次分析法综合评估全省环境健康问题风险,从而识别江苏省面临的环境健康主要问题。

$$R = \frac{f(H) \cdot f(E)}{f(R)}$$

其中,R 为区域综合健康风险;$f(H)$ 为风险源的危险性指标;$f(E)$ 为受体的脆弱性指标;$f(R)$ 为途径的抗逆性指标。

4.2.2.2　指标体系的建立

结合已有数据资源,并经过多次专家研讨,初步筛选出 50 项指标,综合考虑指标典型性、数据可获得性等因素,并运用相关性分析去除共线性较大的指标,如表征环境质量的总氮(TN)、总磷(TP)、化学需氧量(COD)、细颗粒物(PM$_{2.5}$)、可吸入颗粒物(PM$_{10}$)等 14 项指标;基于相关性分析结果,考虑指标代表性,最终确定保留大气优良天数比率、地表水水质达标率、生态环境质量指数等 3 项指标。根据以上原则,最终确定 1 项目标层、3 项准则层、5 项要素层、15 项指标层,详见下表 4.2.2-1。

表 4.2.2-1　江苏省环境健康问题风险评估指标体系

目标层	准则层	要素层	指标层
Ⅴ 江苏省环境健康问题风险评估体系（15 个指标）	A1 风险压力	B1 风险源	C11 区域内高环境健康风险企业数量（个）
			C12 区域污染负荷指数
		B2 环境质量	C21 大气优良天数比率（%）
			C22 地表水水质达标率（%）
			C23 区域居民集中饮用水水源地水质达标率（%）
			C24 生态环境质量指数
Ⅴ 江苏省环境健康问题风险评估体系（17 个指标）	A2 风险应对	B3 经济	C31 人均 GDP（万元）
		B4 社会	C41 医院数量（家）
			C42 卫生技术人员数量（人）
	A3 风险脆弱	B5 人群	C51 单位面积常住人口数量（人/km^2）
			C52 消化系统死亡率（‰）
			C53 呼吸系统死亡率（‰）
			C54 循环系统死亡率（‰）
			C55 神经系统死亡率（‰）
			C56 先天异常死亡率（‰）

4.2.2.3　指标权重的确定

指标权重的确定是评价中最重要的环节。一般运用层次分析法进行赋权，通过各相关专业专家对指标重要程度进行打分，从而得到相对合理的指标权重。

层次分析法是通过对指标划分层次，并对每层数据进行两两比较找出其关联性并判断重要性，最后通过矩阵运算得到权重值。应用步骤如下：

（1）一般采用 T. L. Saaty 推荐的 1～9 标度法（表 4.2.2-2）来确定判断矩阵：

$$\boldsymbol{X} = \begin{pmatrix} x_{11} & x_{12} & \cdots & x_{1n} \\ x_{21} & x_{22} & \cdots & x_{2n} \\ \cdots & \cdots & \cdots & \cdots \\ x_{n1} & x_{n2} & \cdots & x_{nn} \end{pmatrix}$$

式中：$x_{ij}(i,j=1,2,\ldots n)$ 是 i 因子与 j 因子的重要性比，取值为 1～9 及

其倒数,即 $x_{ij}=1/x_{ji}$,$x_{ii}=1$,显然该矩阵为正互反矩阵。

表 4.2.2-2　层次分析法标度及其含义

标度 x_{ij}	含义
1	i、j 具有同样重要性
3	i 比 j 稍重要
5	i 比 j 明显重要
7	i 比 j 强烈重要
9	i 比 j 极端重要
2,4,6,8	重要性介于上述两者之间

(2) 为了保证判断矩阵中的数据没有矛盾,在计算权重之前必须要进行一致性检验。首先计算一致性指标:

$$CI=\frac{\lambda_{max}-n}{n-1}$$

式中:λmax 表示判断矩阵的最大特征值,n 表示因子的数量。

其次查找对应的平均随机一致性指标 RI(表 4.2.2-3),最后计算一致性比例:

$$CR=\frac{CI}{RI}$$

若 CR<0.1,则认为判断矩阵具有一致性,可以进行权重的计算。

表 4.2.2-3　平均随机一致性指标 RI

n	1	2	3	4	5	6	7	8	9	10	11	12
RI	0	0	0.52	0.89	1.12	1.26	1.36	1.41	1.46	1.49	1.52	1.54

(3) 计算权重的方法有 3 种,算术平均法、几何平均法以及特征值法,结果基本一致。本文采用计算较为简便的算术平均法,首先对判断矩阵进行列归一化,然后按行求和再除以 n 得到的行向量即为最后权重:

$$\omega_A=\frac{1}{n}\sum_{j=1}^{n}\frac{x_{ij}}{\sum_{k=1}^{n}x_{kj}} \quad (i,j=1,2,\ldots n)$$

基于上述方法,本评估体系邀请了若干环境保护、风险、健康方面的专家进行打分,计算后得到权重如下表 4.2.2-4。

表 4.2.2-4　江苏省环境健康问题风险评估指标权重

目标层	准则层	要素层	指标层	指标层权重(层次分析法)	要素层权重	准则层权重	总权重
V 江苏省环境健康问题风险评估体系	A1 风险压力	B1 风险源	C11 区域内高环境健康风险企业数量(个)	0.5	0.5	0.7	0.175
			C12 区域污染负荷指数	0.5			0.175
		B2 环境质量	C21 大气优良天数比率(%)	0.5	0.5		0.175
			C22 地表水水质达标率(%)	0.3			0.105
			C23 区域居民集中饮用水源地水质达标率(%)	0.1			0.035
			C24 生态环境质量指数	0.1			0.035
	A2 风险应对	B3 经济	C31 人均 GDP(万元)	1	0.3	0.15	0.045
		B4 社会	C41 医院数量(家)	0.5	0.7		0.052 5
			C42 卫生技术人员数量(人)	0.5			0.052 5
	A3 风险脆弱	B5 人群	C51 单位面积常住人口数量(人/km^2)	0.5	1	0.15	0.056
			C52 消化系统死亡率(0.01‰)	0.1			0.056
			C53 呼吸系统死亡率(0.01‰)	0.1			0.056
			C54 循环系统死亡率(0.01‰)	0.1			0.056
			C55 神经系统死亡率(0.01‰)	0.1			0.028
			C56 先天异常死亡率(0.01‰)	0.1			0.028

4.2.2.4　指标标准的确定

标准的建立是很重要的一步,即将各指标进行量化并分级确定标准。本研究参照相关国家标准以及前人研究成果等建立了 6 级标准,0~5 级分别代表无风险、低风险、较低风险、中风险、较高风险以及高风险(表 4.2.2-5)。对于没有具体数值标准的指标如死亡率等,根据数据分布情况结合专家意见对其赋值 0~5 分。

表 4.2.2-5　江苏省环境健康问题风险评估指标标准

目标层	准则层	要素层	指标层	标准		依据
V 江苏省环境健康问题风险评估体系	A1 风险压力	B1 风险源	C11 区域内高环境健康风险企业数量(个)	>120	5	技术指南
				(90,120]	4	
				(60,90]	3	
				(30,60]	2	
				(0,60]	1	
				0	0	
			C12 区域污染负荷指数	>75	5	技术指南
				(55,75]	4	
				(35,55]	3	
				(20,35]	2	
				(0,20]	1	
				0	0	
		B2 环境质量	C21 大气优良天数比率(%)	<50%	5	技术指南
				[50%,70%)	4	
				[70%,80%)	3	
				[80%,90%)	2	
				[90%,100%)	1	
				100%	0	
			C22 地表水水质达标率(%)	<70%	5	技术指南
				[70%,80%)	4	
				[80%,90%)	3	
				[90%,95%)	2	
				[95%,100%)	1	
				100%	0	
			C23 区域居民集中饮用水源地达标率(%)	<80%	5	技术指南
				[80%,85%)	4	
				[85%,90%)	3	
				[90%,95%)	2	
				[95%,100%)	1	
				100%	0	
			C24 生态环境质量指数	<20	5	技术指南
				[20,35)	4	
				[35,55)	3	
				[55,75)	2	
				[75,100)	1	
				100	0	
	A2 风险应对	B3 经济	C31 人均 GDP(万元)	>20	5	技术指南
				(10,20]	4	
				(5,10]	3	
				(1,5]	2	
				(0,1]	1	
				0	0	

续表

目标层	准则层	要素层	指标层	标准		依据
V 江苏省环境健康问题风险评估体系	A2 风险应对	B4 社会	C41 医院数量(家)	<5	5	技术指南
				[5,10)	4	
				[10,15)	3	
				[15,20)	2	
				[20,30]	1	
				>30	0	
			C42 卫生机构人员数量(人)	<1 000	5	技术指南
				[1 000,3 000)	4	
				[3 000,5 000)	3	
				[5 000,7 000)	2	
				[7 000,10 000)	1	
				≥10 000	0	
	A3 风险脆弱	B5 人群	C51 单位面积常住人口数量(人/km²)	>20 000	5	根据数据分布情况确定
				(10 000,20 000]	4	
				(5 000,10 000]	3	
				(500,5 000]	2	
				(0,500]	1	
				0	0	
			C52 消化系统死亡率(1/10万)	>200	5	根据数据分布情况确定
				(100,200]	4	
				(50,100]	3	
				(10,50]	2	
				(0,10]	1	
				0	0	
			C53 呼吸系统死亡率(1/10万)	>200	5	根据数据分布情况确定
				(100,200]	4	
				(50,100]	3	
				(10,50]	2	
				(0,10]	1	
				0	0	
			C54 循环系统死亡率(1/10万)	>200	5	根据数据分布情况确定
				(100,200]	4	
				(50,100]	3	
				(10,50]	2	
				(0,10]	1	
				0	0	
			C55 神经系统死亡率(1/10万)	>200	5	根据数据分布情况确定
				(100,200]	4	
				(50,100]	3	
				(10,50]	2	
				(0,10]	1	
				0	0	

续表

目标层	准则层	要素层	指标层	标准		依据
V 江苏省环境健康问题风险评估体系	A3 风险脆弱	B5 人群	C56 先天异常死亡率(1/10 万)	>200 (100,200] (50,100] (10,50] (0,10] 0	5 4 3 2 1 0	根据数据分布情况确定

4.2.3 江苏省环境健康风险评估地图绘制

环境健康风险评估体系建立完成后,需计算出各指标值,而后代入计算得到风险等级。本研究尺度为区县级,因此以 96 个区县作为对象,参照《区域环境健康风险识别评估及风险分区分级技术指南》(建议稿)上指标的计算方法,基于目前已有数据,如环境质量监测数据、人群健康数据、江苏省环境统计数据、各区县统计年鉴等进行计算,最终可得到各区县 17 项指标值。再将各指标值代入风险评估体系中,得到各区县环境健康风险等级,最后进行风险地图的绘制。江苏省环境健康风险评估地图示意见图 4.2.3-1。

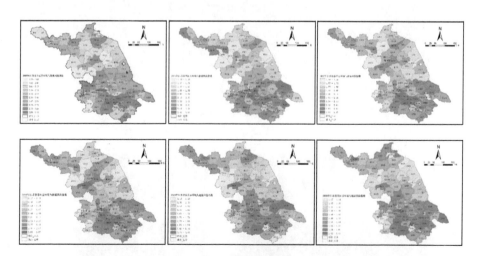

图 4.2.3-1　2015—2020 年江苏省环境健康风险评估地图示意

4.3　重点关注风险因子筛选与识别

4.3.1　研究技术路线及数据来源

江苏省重点关注风险因子筛选与识别研究技术路线见下图 4.3.1-1。

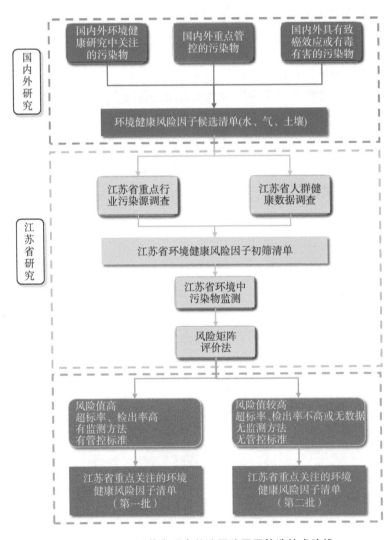

图 4.3.1-1　江苏省重点关注风险因子筛选技术路线

江苏省重点关注风险因子筛选所用的数据库主要来源于官方网站文献资料,具体数据资料如下:

(1)国际公约/数据库

① USEPA 优先污染物清单(1972 年);

② WHO 下属的国际癌症研究机构(IARC)确认的致癌物质清单;

③《关于持久性有机污染物的斯德哥尔摩公约》;

④《关于汞的水俣公约》;

⑤《〈关于持久性有机污染物的斯德哥尔摩公约〉新增列六溴环十二烷修正案》(环境保护部等公告 2016 年第 84 号);

⑥ 欧盟 REACH 高度关注物质 SVHC 物质清单。

(2)国内政策文件/污染物名录

① 关于发布《优先控制化学品名录(第一批)》的公告(公告 2017 年 第 83 号);

② 关于发布《优先控制化学品名录(第二批)》的公告(公告 2020 年第 47 号);

③ 关于公开征求《新污染物治理行动方案(征求意见稿)》意见的通知(环办便函〔2021〕446 号);

④ 关于发布《有毒有害大气污染物名录(2018 年)》的公告(公告 2019 年第 4 号);

⑤ 关于发布《有毒有害水污染物名录(第一批)》的公告(部公告 2019 年第 28 号);

⑥ 关于发布《中国严格限制进出口的有毒化学品目录》(2014 年)的公告(公告 2013 年 第 85 号);

⑦ 关于印发《中国严格限制的有毒化学品名录》(2020 年)的公告(公告 2019 年 第 60 号);

⑧ 国家危险废物名录(2021 年版)(部令第 15 号)。

4.3.2　筛选原则

基于江苏省实际情况,从污染源和人群健康两方面入手,综合考虑污染源排放情况、疾病高发类型,并结合各大权威数据库如优控化学品名录、WHO 下属的国际癌症研究机构(IARC)确认的致癌物质清单、有毒有害大气(水)污染物名录等国内外权威数据库,考虑监测可行性,确定5项筛选原则。

① 纳入国际公约或国内管控名录的污染物

② 全省生产、使用、排放量大的有毒化学品

③ 存在于环境中可能影响人群健康的污染物

④ 具备监测分析、技术经济可行性的污染物

⑤ 结合科学技术能力的发展进行动态调整

4.3.3 筛选过程

4.3.3.1 形成环境健康风险因子候选清单

通过文献检索和资料调研相结合的方式,收集大量环境健康风险因子与典型环境疾病案例,并结合国内外重点管控污染物清单、有毒有害污染物清单等形成包含水、气、土3个风险来源的环境健康风险因子候选清单。候选清单共计96种风险因子,其中水环境健康风险因子56种,大气风险因子66种,土壤风险因子22种。针对筛选出的96种风险因子进行数据资料查阅,分别从企业是否开展自行监测,是否有行业排放标准,是否有环境质量标准,以及排污许可中是否有规定4个方面探究其管控情况,详见下表4.3.3-1。

96种江苏省环境健康候选风险因子中,氩气、PFOS、十溴二苯醚、六氯代-1,3-环戊二烯、2,4,6-三叔丁基苯酚、德克隆6个污染因子在检测时仅有参考标准,尚未有关于检测的标准和文献。

表 4.3.3-1 江苏省环境健康候选风险因子管控情况[①]

序号	环境健康风险因子	CAS 号	企业是否自行监测	是否有行业排放标准	是否有环境质量标准	排污许可中是否规定
1	$PM_{2.5}$	/	是	是	是	是
2	PM_{10}	/	是	是	是	是
3	二噁英	/	是	是	是	是
4	光化学烟雾	/				
5	臭氧	10028 - 15 - 6			是	
6	氯气	7782 - 50 - 5	是	是		
7	二氧化硫	7446 - 9 - 5	是	是	是	是
8	硫化氢	7783 - 6 - 4	是	是		是

续表

序号	环境健康风险因子	CAS 号	企业是否自行监测	是否有行业排放标准	是否有环境质量标准	排污许可中是否规定
9	一氧化碳	630-08-0	是		是	是
10	二氧化碳	124-38-9				是
11	二氧化氮	10102-44-0			是	
12	氮氧化物	/	是	是		是
13	氟(氟化物)	氟:7782-41-4	是	是	是	是
14	氰化物	460-19-5	是	是	是	是
15	氰化氢	74-90-8		是		
16	氡气	7440-37-1				
17	氡	10043-92-2				
18	总铅	7439-92-1	是	是	是	是
19	总镍	7440-02-0	是	是	是	是
20	六价铬	18540-29-9	是	是	是	是
21	总铜	7440-50-8	是	是	是	是
22	总锌	7440-66-6	是	是	是	
23	总锰	7439-96-5	是	是	是	是
24	总镉	7440-43-9	是	是	是	是
25	总铊	7440-28-0	是	是	是	是
26	总铬	7440-47-3	是	是	是	是
27	总铝	7429-90-	是			
28	总铍	7440-41-7	是	是	是	
29	总钴	7440-48-4	是	是	是	
30	总砷	7440-38-2	是	是	是	是
31	总汞	7439-97-6	是	是	是	是
32	苯并[a]芘	37994-82-4	是	是	是	
33	苯	71-43-2	是	是	是	是
34	甲醛	8013-13-6		是	是	
35	丙烯醛	107-02-8		是		
36	二氯甲烷	1975-9-2	是	是	是	
37	三氯甲烷(氯仿)	8013-54-5	是	是	是	
38	三氯乙烯	1979-1-6	是	是	是	
39	四氯乙烯	127-18-4	是	是	是	

序号	环境健康风险因子	CAS 号	企业是否自行监测	是否有行业排放标准	是否有环境质量标准	排污许可中是否规定
40	1,3-丁二烯	106-99-0	是			
41	甲烷	64365-11-3		是		
42	甲苯	108-88-3	是	是	是	是
43	二甲苯	1330-20-7	是	是	是	是
44	乙苯	100-41-4	是	是	是	
45	乙醛	75-07-0		是	是	
46	1,2,4-三氯苯	120-82-1				
47	5-叔丁基-2,4,6-三硝基间二甲苯（二甲苯麝香）	81-15-2				
48	PFOS	647-29-0				
49	十溴二苯醚	1163-19-5				
50	总锑	7440-36-0	是	是	是	是
51	氨气	7664-41-7	是	是		是
52	粉尘	/	是	是		
53	硫化物	/	是	是	是	是
54	五氯苯酚	87-86-5				
55	苯并[a]蒽	56-55-3	是		是	
56	苯并[a]菲	218-01-9				
57	苯并[b]荧蒽	205-99-2	是		是	
58	苯并[k]荧蒽	207-08-9	是		是	
59	蒽	120-12-7	是			
60	二苯并[a,h]蒽	53-70-3			是	
61	多氯二苯并对二噁英和多氯二苯并呋喃	/				
62	六氯丁二烯	87-68-3			是	
63	异丙基苯酚磷酸酯	68937-41-7				
64	有机磷	/		是		
65	有机氯	/				
66	三氯甲烷	67-66-3				
67	滴滴涕(DDTs)	50-29-3			是	
68	六六六(HCHs)	319-84-6			是	

续表

序号	环境健康风险因子	CAS 号	企业是否自行监测	是否有行业排放标准	是否有环境质量标准	排污许可中是否规定
69	抗生素(磺胺类 SAs)	/				
70	硝基苯	98-95-3	是	是	是	
71	苯胺	62-53-3	是	是	是	
72	苯乙烯	100-42-5	是	是	是	
73	多氯联苯	52663-71-5		是	是	
74	萘	91-20-3				
75	壬基酚	25154-52-3	是		是	
76	苯酚	108-95-2				
77	丙酮	67-64-1		是	是	
78	六氯代-1,3-环戊二烯	77-47-4	是			
79	1,1-二氯乙烯	6061-04-7	是	是	是	
80	1,2-二氯丙烷	78-87-5	是		是	
81	2,4-二硝基甲苯	121-14-2			是	
82	2,4,6-三叔丁基苯酚	732-26-3				
83	邻甲苯胺	95-53-4	是			
84	六氯苯	118-74-1	是		是	
85	二甲苯基-对苯二胺	68953-84-4				
86	短链氯化石蜡	85535-84-8				
87	六溴环十二烷	3194-55-6				
88	磷酸三(2-氯乙基)酯	115-96-8				
89	德克隆	13560-89-9				
90	灭蚁灵	2385-85-5			是	
91	氯丹	12789-03-6			是	
92	α-六氯环己烷	319-84-6				
93	β-六氯环己烷	319-85-7				
94	林丹	58-89-9			是	
95	硫丹	115-29-7			是	
96	三氯杀螨醇	115-32-2				

① "/"代表无相关数据。

4.3.3.2 形成环境健康风险因子初筛清单

基于重点关注行业识别结果和江苏省疾病高发类型识别结果,基于污染源与人群健康资料,综合5大筛选原则,将形成的环境健康风险因子候选清单和江苏省重点行业污染风险因子清单、江苏省疾病高发类型对应的风险因子清单进行比对并取交集,结合报道及文献资料,得到初步结果,形成初筛清单,共计64种(见下表4.3.3-2)。

表 4.3.3-2　江苏省环境健康风险因子初筛清单

序号	因子名称	序号	因子名称	序号	因子名称	序号	因子名称
1	$PM_{2.5}$	17	总汞	33	苯胺	49	十溴二苯醚
2	PM_{10}	18	苯	34	萘	50	乙醛
3	二噁英	19	甲醛	35	苯酚	51	PFOS
4	氯气	20	二氯甲烷	36	丙酮	52	五氯苯酚
5	二氧化硫	21	三氯乙烯	37	光化学烟雾	53	蒽
6	硫化氢	22	四氯乙烯	38	臭氧	54	六氯丁二烯
7	一氧化碳	23	甲烷	39	二氧化碳	55	滴滴涕(DDTs)
8	氮氧化物	24	甲苯	40	二氧化氮	56	六六六(HCHs)
9	氰化物	25	乙苯	41	氩气	57	多氯联苯
10	六价铬	26	总锑	42	氨	58	六氯代-1,3-环戊二烯
11	总铜	27	氡	43	总铅	59	壬基酚
12	总锌	28	粉尘	44	总镍	60	1,1-二氯乙烯
13	总镉	29	有机磷	45	苯并[a]芘	61	1,2-二氯丙烷
14	总铊	30	有机氯	46	丙烯醛	62	2,4,6-三叔丁基苯酚
15	总铬	31	三氯甲烷	47	1,3-丁二烯	63	六氯苯
16	总钴	32	硝基苯	48	二甲苯	64	德克隆

4.3.3.3 形成江苏省环境健康风险因子清单

基于风险源、环境质量、社会、经济、人群等数据,识别了江苏省内重点关注区域及流域。选取江苏省内典型行业、典型区域、典型流域开展了相关监测,计算得到环境风险因子的检出率,结合毒性、致癌数据并运用风险矩阵评价法,筛选出最终的江苏省重点关注的环境健康风险因子清单(第一批、第二批)。

（1）风险矩阵评价方法

风险矩阵分析法（简称 LS）, $R=L\times S$, 其中 R 是风险值, 是风险发生的可能性与风险后果的结合; L 是事故发生的可能性; S 是事故后果严重性。R 值越大, 说明该系统危险性大、风险大, 需重点管控。本研究对 S、L 进行进一步的表征定义。其中 S 指事故后果严重性, 在本研究中分为 2 个维度, 分别为人群致癌后果、人群致毒后果。人群致癌后果主要参考癌症数据库中的分类; 人群致毒后果主要参考物质与人群健康的相关性情况。L 指事故发生的可能性, 在本研究中表征为污染物检出概率, 主要参考江苏省典型行业、区域、流域监测数据。构建的风险矩阵及其分级划分见表 4.3.3-3、图 4.3.3-1。

表 4.3.3-3　风险矩阵分级划分

人群致癌后果 S1	人群致毒后果 S2	检出概率 L	分级
4 类及其他	疑似相关	0%～10%	1
3 类	较一般相关	10%～40%	2
2B	一般相关	40%～60%	3
2A	较密切相关	60%～80%	4
1 类	密切相关	80%～100%	5

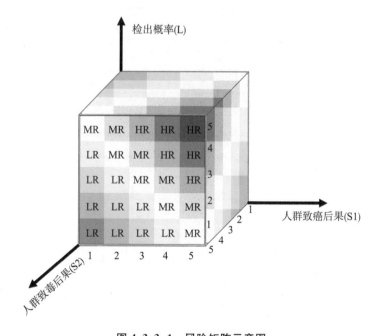

图 4.3.3-1　风险矩阵示意图

（2）风险矩阵评价结果

本研究候选清单共计 64 种环境健康因子，通过风险矩阵评估可将各因子对应至相应风险等级中。

综合考虑典型行业、区域、流域监测情况及因子超标情况，以及是否具有相关环境质量标准，将江苏省环境健康风险因子清单分为 2 批。其中第一批因子清单（13 种）为检出率高、超标率高、致癌致毒性强且具有相关环境质量标准的物质，需进一步重点加强管控力度。第二批因子清单（12 种）为致癌致毒性强但缺少监测数据或缺少环境质量标准的物质，可作为下一批重点关注物质。

4.3.4 筛选结果

共筛选出两批共 25 种江苏省重点关注的环境健康风险因子清单，其中第一批 13 种，第二批 12 种，详见下表 4.3.4-1。

表 4.3.4-1 江苏省环境健康风险因子清单

序号	物质	批次	检出概率等级	人群致癌后果	人群致毒后果	风险值 R
1	总砷	第一批	5	5	5	15
2	苯	第一批	5	5	4	14
3	六价铬	第一批	4	5	5	14
4	二噁英	第一批	5	5	4	14
5	二氯甲烷	第一批	5	4	3	12
6	甲醛	第二批	2	5	5	12
7	总铬	第一批	4	5	3	12
8	总镉	第二批	2	5	5	12
9	总镍	第一批	5	3	4	12
10	苯并[a]芘	第一批	3	5	4	12
11	萘	第一批	5	3	3	11
12	乙醛	第一批	5	3	3	11
13	乙苯	第一批	5	3	3	11
14	四氯乙烯	第一批	4	4	3	11
15	1,2-二氯丙烷	第二批	1	5	5	11
16	PFOS	第二批	4	3	3	10
17	二甲苯	第二批	5	2	3	10
18	甲苯	第二批	5	2	3	10

续表

序号	物质	批次	检出概率等级	人群致癌后果	人群致毒后果	风险值 R
19	1,3-丁二烯	第二批	1	5	4	10
20	三氯乙烯	第二批	2	5	3	10
21	总钴	第一批	4	3	3	10
22	总铍	第二批	1	5	4	10
23	氡	第二批	1	5	4	10
24	三氯甲烷	第二批	5	1	3	9
25	五氯苯酚	第二批	1	5	3	9

4.3.5 问题识别

为进一步识别江苏省风险因子管控问题,针对筛选出的 25 种风险因子进行数据资料查阅,分别从行业排放标准和环境质量标准等方面进行探究其管控情况,具体情况见下表 4.3.5-1~表 4.3.5-2。

第一批风险因子中重金属总钴较少存在于重点行业污染物排放标准中如《炼焦化学工业污染物排放标准》《炼铁工业大气污染物排放标准》等,根据典型企业的自行监测数据,发现乙醛尚未纳入自行监测体系中。第二批风险因子中五氯苯酚、三氯甲烷、氡、PFOS 4 类物质在标准规定方面存在一定的空白,行业标准、环境质量标准及企业自行监测几乎不涉及该因子的相关规定,管控存在较大的空白区。此外,1,2-二氯丙烷、萘两类物质缺乏行业标准规定。

4.3.6 对策建议

(1)建议重点管控江苏省环境健康风险因子(第一批)。根据筛选出的第一批江苏省环境健康风险因子清单,对 13 种污染物着重加强管控。将总钴尽快纳入如金属制造业、电镀等相关重点行业标准,针对乙醛尽快监督相关行业企业纳入自行监测体系中。

(2)建议加快建立江苏省重点关注风险因子标准及监测方法。针对暂无排放标准、环境标准的物质如萘、五氯苯酚、三氯甲烷、氡、PFOS、1,2-二氯丙烷,建议加快研究制定相关排放标准或环境质量标准。针对暂无监测方法的物质如五氯苯酚,建议加快研究制定监测方法。

(3)建议加强江苏省重点关注风险因子日常监测。针对本次筛选无监测

表 4.3.5-1　江苏省环境健康风险因子清单（第一批）管控情况

序号	物质	行业排放标准															企业是否自行监测	环境质量标准				排污许可中是否规定
		行标1	行标2	行标3	行标4	行标5	行标6	行标7	行标8	行标9	行标10	行标11	行标12	行标13	行标14	行标15		环境质量标准	环境空气质量标准	地表水环境质量标准	土壤环境质量建设用地土壤污染风险管控标准（试行）	
1	总钴														√		√					
2	四氯乙烯	√															√				√	
3	乙苯	√							√								√					
4	乙醛	√															√					
5	苯并（a）芘	√			√			√	√		√						√	√		√	√	√
6	总镍	√					√	√			√	√					√	√		√	√	√
7	总铬	√					√	√			√		√				√			√	√	√
8	二氯甲烷	√											√				√				√	√
9	二噁英类	√				√								√			√			√	√	√
10	六价铬	√			√	√		√			√				√		√		√		√	√
11	苯	√			√			√									√		√	√	√	√
12	总砷	√			√			√			√		√		√		√		√	√	√	√

注：行标 1——《石油化学工业污染物排放标准》（GB31571—2015）；行标 2——《火电厂大气污染物排放标准》；行标 3——《炼铁工业大气污染物排放标准》；行标 4——《炼焦化学工业污染物排放标准》；行标 5——《铁合金工业污染物排放标准》；行标 6——《轧钢工业污染物排放标准》；行标 7——《污水综合排放标准》；行标 8——《城镇污水处理厂污染物排放标准》；行标 9——《医疗机构水污染物排放标准》；行标 10——《纺织染整工业水污染物排放标准》；行标 11——《造纸工业水污染物排放标准》；行标 12——《煤炭工业污染物排放标准》；行标 13——《煤化工工业污染物排放标准（炼焦）》；行标 14——《无机化学工业污染物排放标准》；行标 15——《石油炼制工业污染物排放标准》；钢铁行业《清洁生产标准 钢铁行业（炼钢）》等 7 项国家环境保护行业标准；关于征求《清洁生产标准 钢铁行业（炼钢）》等 7 项国家环境保护行业标准意见的函。

表 4.3.5-2 江苏省环境健康风险因子清单（第一批）管控情况

序号	物质	行标1	行标2	行标3	行标4	行标5	行标6	行标7	行标8	行标9	行标10	行标11	行标12	行标13	行标14	行标15	企业是否自行监测	环境质量标准	环境空气质量标准	地表水环境质量标准	土壤环境质量建设用地土壤污染风险管控标准(试行)	排污许可中是否规定
1	苯	√															√	√				
2	五氯苯酚																				√	
3	三氯甲烷																					
4	氯																					
5	总镉				√			√												√	√	
6	三氯乙烯	√						√									√			√	√	
7	1,3-丁二烯																					
8	甲苯	√				√	√	√	√			√					√			√	√	√
9	二甲苯	√					√	√	√			√					√			√	√	√
10	PFOS																					
11	1,2-二氯丙烷												√						√(参考指标)		√	
12	总铊	√						√	√								√			√	√	√
13	甲醛	√																				

注：行标1——《石油化学工业污染物排放标准》GB31571—2015；行标2——《火电厂大气污染物排放标准》；行标3——《炼铁工业大气污染物排放标准》；行标4——《炼焦化学工业污染物排放标准》；行标5——《铁合金工业污染物排放标准》；行标6——《轧钢工业大气污染物排放标准》；行标7——《污水综合排放标准》；行标8——《城镇污水处理厂污染物排放标准》；行标9——《医疗机构水污染物排放标准》；行标10——《纺织染整工业水污染物排放标准》；行标11——《石油炼制工业污染物排放标准》；行标12——《煤炭工业污染物排放标准》；行标13——《造纸工业水污染物排放标准》；行标14——《无机化学工业污染物排放标准》；行标15——关于征求《清洁生产标准 钢铁行业（炼钢）》等7项国家环境保护行业标准意见的函。

数据的物质如 1,2-二氯丙烷、1,3-丁二烯、总铍、氡、五氯苯酚,建议后续加强监测,进一步研究其风险。根据本次筛选出的 25 种江苏省重点关注风险因子,除无监测方法的因子外,建议加强日常监测,提高监测频率,纳入企业自测体系及排污许可规定中。

(4) 建议逐步关注江苏省重点关注风险因子候选清单。针对江苏省重点关注风险因子候选清单中氩气、PFOS、十溴二苯醚、六氯代-1,3-环戊二烯、2,4,6-三叔丁基苯酚、德克隆等 6 个仅有参考标准的污染因子,建议进一步研究环境健康风险后考虑出台相关标准。

第五章
江苏省环境健康调查监测及风险评估

5.1 环境健康调查及风险评估技术方法研究

5.1.1 《环境与健康监测技术规范》研究

5.1.1.1 研究背景

近年来,国家层面对全国突出的环境污染问题在环境毒理和风险评估方面展开了研究,但存在的主要问题是:一是环境健康的现状不明,底数不清,致使一些亟需开展的工作难以实施;二是缺少透明、公开的公益性环境健康基础数据库,缺少部分特征环境污染物的监测资料,缺少部分疾病和死亡的人群资料;三是环境健康协作机制的缺乏,环境部门和其他健康部门以及环境专家与健康专家之间缺少交流沟通,不利于进行环境健康的交叉与综合研究;四是现有环境健康管理缺乏整体性,目前环境健康方面政策、标准、科研等大多针对单一环境里的单一污染物的管理,环境健康综合性多要素研究相对滞后;五是基层环境健康工作基础薄弱,环境健康监测能力较差等等。

从江苏省的监测现状来看,开展典型区域环境健康监测技术研究具有重要的现实意义。尽管我省已开展了全省污染源普查、土壤污染状况调查、饮用水源地基础环境调查、饮用水源地有毒有机物调查等多种专项调查,但这些调查和人群健康结合较少,且分别进行、调查目的不同、设计和方法不统一,在说明环境污染对人群健康影响这一问题上难以相互支持,加之环境健康监测尚未纳入常规工作,对人体健康影响更为直接的重金属、有机污染物等基础数据缺乏,不利于政府部门实时、动态和准确把握我省环境污染对人群健康损害的状况及变化趋势,也不利于有针对性地调整相关政策及措施。

环境健康监测工作是环境健康风险管理制度的一项基础性工作,后续的相关研究包括健康风险评估、环境损害鉴定与赔偿以及相对应的措施和对策的制定和施行都需要依靠环境健康监测工作获取真实的、权威的动态数据、信息资料作为支撑。环境健康监测制度的构建在环境健康问题的研究和解决上起着举足轻重的奠基作用,一切关系环境科学的研究都离不开环境健康监测制度所做出的贡献。环境健康监测制度对于防止新的环境污染对人类健康产生损害具有现实意义,对我国实现环境管理由总量控制向风险管理转型,促进人类健康与环境相协调至关重要。由此可见,建立统一、规范、有针对性的环境健康监测技术规范,对于推动环境健康监测制度的顺利实施具有重要的推动作用。

江苏省市场监督管理局将《环境与健康监测技术规范》(以下简称《规范》)标准编制工作列入 2020 年度江苏省地方标准制定计划。该规范在全国属于首例,与现有大气、土壤、疾病等技术规定有效衔接,为开展环境健康监测工作提供技术指导。

5.1.1.2　研究技术路线

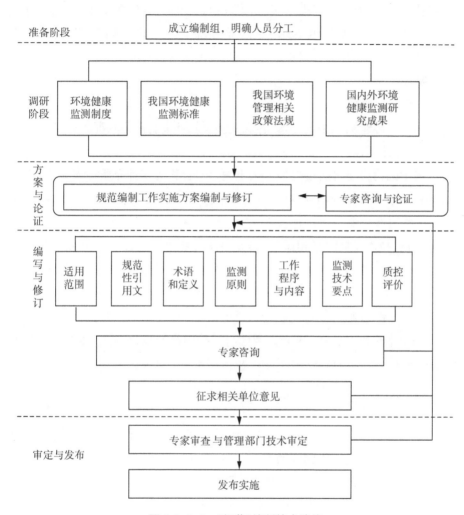

图 5.1.1-1　《规范》编制技术路线

5.1.1.3　编制原则

编制工作坚持以人为本为指导,通过在预定区域范围内开展环境健康监测,调查该地区可能存在的影响人群健康的环境问题,为进一步分析评估健康风险,有针对性地采取污染防治措施,推动环境健康管理工作提供科学依据。其编制原则有以下几个方面:

（1）以人为本原则

有利于保护环境质量和人体健康。以科学发展观为指导，以实现经济、社会的可持续发展为目标，贯彻落实《国家环境保护环境与健康工作办法（试行）》和《"健康江苏 2030"规划纲要》中关于"构建环境与健康监测网络""强化环境与健康监测评价，构建有针对性的重点地区、流域、行业环境与健康综合监测体系"的要求。

（2）客观性原则

技术内容尽量减少主观因素，客观真实反映环境与健康状况。

（3）全面性原则

环境中的污染物可通过空气、水、土壤、尘、食物等多种介质进入人体，充分考虑各种因素，全面分析环境对健康的影响。

（4）实用性原则

与经济、技术发展水平相适应，具有科学性和可实施性。制定过程中考虑监测部门的实际监测工作能力，确保评价所需的监测数据可用、科学、合理与严谨。

（5）统一性原则

在制定本标准过程中，应充分考虑与其他国家标准、行业标准中的标准限值、监测方法等要求协调统一，不应存在相互矛盾的现象。

5.1.1.4　总体思路

以历史环境质量状况、污染物排放状况、人群健康情况等为科学基础，充分考虑不同区域的环境健康问题的特点，结合常规性环境监测工作，因地制宜，重点加强与健康相关的特征污染物调查和研究，充分反映空气、水、土壤、尘、食物等多种介质对人体健康状况影响，为提高环境健康风险管理和基础工作能力提供科技支撑。

5.1.1.5　主要内容

（1）适用范围

适用于生态环境管理过程中，为预防和控制与损害公众健康密切相关的环境化学性因素而开展的环境与健康监测活动。不适用于放射性、电磁辐射、噪声、光、致病微生物、职业暴露等环境污染及突发性环境事故开展的环境与健康监测。

（2）规范性引用文件

主要引用了以下 18 个规范性文件，具体引用内容见下表 5.1.1-1。

表 5.1.1-1　规范性文件及具体引用内容

编号	文件号	规范性引用文件	引用内容
1	GB/T 5750.2	生活饮用水标准检验方法 水样的采集与保存	全文引用
2	GB/T 8170	数值修约规则与极限数值的表示和判定	全文引用
3	GB/T 16126	生物监测质量保证规范	全文引用
4	GB/T 16157	固定污染源排气中颗粒物测定与气态污染物采样方法	全文引用
5	HJ 2.2	环境影响评价技术导则 大气环境	引用 8.5 预测模型
6	HJ/T 20	工业固体废物采样制样技术规范	全文引用
7	HJ/T 55	大气污染物无组织排放监测技术导则	全文引用
8	HJ 91.1	污水监测技术规范	全文引用
9	HJ/T 166	土壤环境监测技术规范	全文引用
10	HJ/T 167	室内环境空气质量监测技术规范	全文引用
11	HJ 168	环境监测分析方法标准制订技术导则	引用第 8 章节，方法验证
12	HJ 194	环境空气质量手工监测技术规范	全文引用
13	HJ/T 397	固定源废气监测技术规范	全文引用
14	HJ 630	环境监测质量管理技术导则	全文引用
15	HJ 839	环境与健康现场调查技术规范 横断面调查	引用 7.2.1.7 室内积尘调查相关内容
16	HJ 875	环境污染物人群暴露评估技术指南	引用 6.3 暴露量估算相关内容
17	HJ 1111	生态环境健康风险评价技术指南总纲	全文引用
18	NY/T 398	农、畜、水产品污染监测技术规范	全文引用

（3）术语和定义

共规定了 4 个术语和定义，包括：

环境与健康监测：《国家环境保护环境与健康工作办法》对环境健康风险

监测的定义为"指为动态掌握环境健康风险变化趋势,针对与健康密切相关的环境因素持续、系统开展的监测活动,监测内容包括环境健康风险源、环境污染因子暴露水平等"。本研究将环境与健康监测定义为"运用化学、生物学、环境流行病学和医学等技术方法对环境有害因素及其健康效应开展的监测活动"。

暴露评估:引用《生态环境健康风险评估技术指南　总纲》(HJ 1111—2020)定义 3.3,"对个体或群体暴露于环境中化学性因素的暴露量、频率及持续时间进行估计或测量的过程,也包括对环境中化学性因素的来源、暴露路径、暴露途径、暴露人群数量和特征及不确定性的分析。"

人体生物监测:《生物监测质量保证规范》(GB/T 16126—1995)将生物监测定义为"系统地收集人体生物样品(组织、体液、代谢物),测定其中化学物或其代谢产物的含量,或它们所引起的非损害性的生化效应,以评价人体接触剂量及其对健康影响。"参考上述定义,本标准将人体生物监测定义为"对目标人群体内的化学污染物负荷水平进行监测,可选择血液、尿液、毛发、指甲等对污染物或其代谢产物的浓度进行测量。"

健康风险评估:《国家环境保护环境与健康工作办法》中的定义为:"环境健康风险指环境污染(生物、化学和物理)对公众健康造成不良影响的可能性,对这种可能性进行定性或定量的估计称为环境健康风险评估。"本研究将"环境健康风险评估"定义为"对人群暴露于环境中化学性因素发生不良作用的可能性进行定性或定量估计的过程"。

(4) 监测原则

空间一致性:充分考虑污染源分布和人群活动特点,环境监测范围与人群健康监测范围保持一致。

指标匹配性:环境监测指标与人群健康监测指标相互匹配,选择能够反映相关环境暴露或健康效应的指标,注意指标的互补性及环境指标和健康指标的匹配性。

内容针对性:针对影响人体健康的特征污染物的来源、可能分布与主要暴露途径,有针对性地设置监测点位和监测项目开展监测。

（5）工作流程

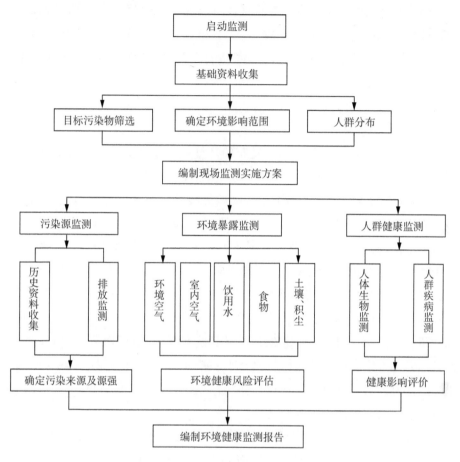

图 5.1.1-1　环境健康监测工作流程

（6）环境与健康监测技术要点

在对历史环境数据资料进行整理和研究的基础上，我们发现可利用的都是常规环境监测数据，而与健康相关的特征污染物数据则很少，凸显了环境健康工作基础的薄弱性。依据《"健康中国 2030"规划纲要》第十四章第三节关于环境与健康综合监测网络建设的要求，"逐步建立健全环境与健康管理制度。开展重点区域、流域、行业环境与健康调查，建立覆盖污染源监测、环境质量监测、人群暴露监测和健康效应监测的环境与健康综合监测网络及风险评估体系"。本标准规定环境与健康监测主要内容包括污染源监测、环境暴露监测和人群健康监测 3 部分内容。

污染源监测,针对重点排污单位污染物主要排放途径和方式,开展废水、废气和固体废弃物监测。环境暴露监测,针对人群主要的暴露途径开展监测,采集环境空气、室内空气、饮用水、食物、土壤和室内积尘等样品开展环境污染物暴露监测。人群健康监测,在环境暴露监测范围内,对敏感人群开展人体生物监测和疾病监测。

5.1.1.6 与相关法律法规和国家标准的关系

截至 2021 年 3 月,我国已经发布的环境或健康监测相关标准共计 10 余项,见表 5.1.1-2,归口单位为生态环境部门和卫生部门。由生态环境部门发布的《污水监测技术规范》《地下水环境监测技术规范》《土壤环境监测技术规范》《固定源废气监测技术规范》《室内环境空气质量监测技术规范》《环境空气质量手工监测技术规范》主要规定了各类环境介质中环境污染物的监测方法,缺乏和环境污染物暴露相关的人群健康监测。由卫生部门发布的《职业健康监护技术规范》规定了职业暴露人群的健康监护规定,而《环境重金属污染健康监测技术指南(试行)》规范了重金属污染对人群健康的影响监测,偏重于生物样品的重金属监测。《环境与健康现场调查技术规范 横断面调查》(HJ 839—2017),该标准主要以环境流行病学为理论基础,在已明确存在环境污染的条件下,通过开展调查明确环境污染和健康损害之间相关关系,着重关注环境污染和健康损害之间的因果关系判定。

总体来说,目前国内环境健康监测工作缺乏一套系统的运行规范,区域范围内与环境健康监测工作相关的监测程序各有不同。就监测点位布局而言,环保部门在监测布点设置上就常忽略人群分布特征这一关键因素,大多仅从满足污染源监控和环境质量评估需要的角度开展工作,而卫生部门的卫生监测和疾病监测也多只考虑对疾病本身的监测尤其是重视对传染性疾病的监测,没有结合病因统计和地理信息统计来有侧重地设置监测点位。另外,在监测范围的界定上和监测指标的设置上也没有统一的国家标准,很多部门还在使用旧的标准;对部分环境要素的监测和许多环境中的有机污染因子也没有分析方法国标,使得各职能部门无法确切知晓环境健康监测的监测要素以及所要达到的监测标准,只好"随心所欲"。在技术方面,国内行业环境健康监测整体技术水平不高,各部门间技术水平参差不齐,监测结果缺乏可比性和衔接性。环境健康监测规范的缺失导致了环境健康监测工作没有权威统一、可操作的技术规范和标准作为参照,很大程度上延迟了环境健康监测制度的构建速度。

表 5.1.1-2 环境健康监测相关标准

序号	标准名称	标准编号	标准性质	发布日期	归口单位	适用范围
1	污水监测技术规范	HJ 91.1—2019	环境保护标准	2019-12-24	生态环境部	规定了污水手工监测的监测方案制定,采样点位,监测采样,样品保存、运输和交接,监测项目与分析方法,监测数据处理,质量保证与质量控制等技术要求
2	地下水环境监测技术规范	HJ 164—2020	环境保护标准	2020-12-01	生态环境部	规定了地下水环境监测点布设、环境监测井建设与管理、样品采集与保存、监测项目和分析方法、监测数据处理、质量保证和质量控制以及资料整编等方面的要求
3	土壤环境监测技术规范	HJ/T 166—2004	原环境保护标准	2004-12-09	原环境保护部	规范了土壤监测的步骤和技术要求
4	地表水和污水监测技术规范	HJ/T 91—2002	环境保护标准	2002-12-25	原环境保护部	规定了地表水和污水监测的布点与采样、监测项目与相应监测分析方法、流域监测、监测数据的处理与上报、污水流量计量方法、水质监测的质量保证、资料整编等内容
5	固定源废气监测技术规范	HJ/T 397—2007	环境保护标准	2007-12-07	原环境保护部	规定了在烟道、烟囱及排气筒等固定污染源排放的废气中,颗粒物与气态污染物监测的手工采样和测定技术方法,以及便携式仪器监测方法
6	突发环境事件应急监测技术规范	HJ 589—2010	环境保护标准	2010-10-19	原环境保护部	规定了突发环境事件应急监测的布点与采样、监测项目与相应的现场监测和实验室监测分析方法、监测数据的处理与上报、监测的质量保证等的技术要求
7	室内环境空气质量监测技术规范	HJ/T 167—2004	环境保护标准	2014-12-09	原环境保护部	规定了室内环境空气质量监测的布点与采样、监测项目与相应的监测分析方法、监测数据的处理、质量保证及报告等内容

序号	标准名称	标准编号	标准性质	发布日期	归口单位	适用范围
8	环境空气质量手工监测技术规范	HJ 194—2017	环境保护标准	2017-12-29	原环境保护部	规定了环境空气质量手工监测的点位布设、采样时间和频率、样品的采集、运输和保存、监测分析方法、数据处理、质量保证和质量控制等技术要求
9	职业健康监护技术规范	GB Z188—2014	国家职业卫生标准	2014-05-14	国家卫生和计划生育委员会	规定了职业健康监护的基本原则和接触相关职业病危害因素的劳动者开展职业健康监护的目标疾病、健康检查的内容和周期
10	环境重金属污染健康监测技术指南(试行)	卫办监督发〔2010〕188号		2010-11-29	卫生部	规范了重金属污染对人群健康的影响的监测,偏重于生物样品的重金属监测
11	环境与健康现场调查技术规范 横断面调查	HJ 839—2017	环境保护标准	2017-06-09	原环境保护部	以环境流行病学为理论基础,在已明确存在环境污染的条件下,通过开展调查明确环境污染和健康损害之间相关关系,着重关注环境污染和健康损害之间的因果关系判定

5.1.1.7　小结

《规范》充分借鉴了"环境与健康风险哨点监测""江苏省环境与健康调查及风险评估体系建设研究"和"江苏省典型区域环境与健康综合监测技术研究与应用"等项目经验,并与现有大气、土壤、疾病等技术规定有效衔接。以空间一致性、指标匹配性、内容针对性为原则,结合常规性环境监测工作,充分考虑环境与健康问题的特点,加强与健康相关的特征污染物监测,充分反映空气、水、土壤、积尘、食物等多种环境介质对人体健康状况影响,为环境与健康风险管理提供科技支撑。《规范》的发布对于环境管理部门实时、动态和准确地把握江苏省环境污染对人群健康损害的状况及变化趋势,并制定有针对性的风险防控措施,防止新的环境污染对人类健康产生损害具有现实意义。

5.1.2 《化学污染物环境健康风险评估技术导则》研究

5.1.2.1 研究背景

（1）环境健康风险管理是我国环境健康管理工作的核心

伴随我国工业化、城镇化的快速发展，环境污染影响人民健康的问题凸显，已成为影响我国可持续发展、小康社会建设和社会和谐的重要因素之一。中国特色社会主义进入新时代，增进民生福祉是发展的根本目的。人民群众对美好生态环境的需求日益增长，公众对环境健康问题的关注度也越来越高，有效应对环境污染危害公众健康问题，满足人民群众对美好环境日益增长的需要，是生态环境保护工作的必然要求。因此，加快环境健康问题应对和控制环境污染导致的健康风险是实现建设"美丽中国"和"健康中国"宏伟目标的重要内容。

环境污染造成的健康影响具有长期性、复杂性、隐蔽性和不可逆转性，开展环境健康风险评估可以有效预防环境健康问题的发生，是落实"健康优先""预防为主"等基本原则的重要体现。建立健全环境健康风险评估制度，将其融入现行生态环境与健康管理体系，是"将促进健康的理念融入公共政策制定实施的全过程"的重要手段，是我国生态环境保护从污染治理走向风险管理、从被动管控走向主动预防的必然趋势。

目前，以保护人体健康为目标的环境健康风险管理受到党和国家的高度重视。《中华人民共和国环境保护法》第 39 条要求："国家建立、健全环境与健康监测、调查和风险评估制度"；《"健康中国 2030"规划纲要》明确"逐步建立健全环境与健康管理制度""建立覆盖污染源监测、环境质量监测、人群暴露监测和健康效应监测的环境与健康网络及风险评估体系，实施环境与健康风险管理"；2018 年印发的《国家环境保护环境与健康工作办法（试行）》，明确"建立健全以防范公众健康风险为核心的环境与健康监测、调查和风险评估制度"。"十四五"生态环境保护规划（国发〔2021〕31 号）要求"完善环境健康风险评估技术方法和标准体系，探索构建环境健康风险监测网络""逐步将环境健康风险纳入生态环境管理，建立公众健康影响评估制度"。

（2）我国环境健康风险评估工作进展

为了解中国人群环境暴露行为特点，提高环境健康风险评价的科学性，原环保部于 2011—2014 年组织开展了"中国人群环境暴露行为模式调查"，编制发布了《中国人群暴露行为模式研究报告》和《中国人群暴露参数手册》，填补了我国本土化暴露参数的空白，对提高我国环境健康风险评价的准确性具有重要意义。

"十二五"期间，原环保部实施淮河流域重点地区环境与健康综合监测工作，在淮河流域 15 个重点区县深入开展环境健康特征污染物调查，筛选出了主要优控污染物和污染源分布状况，将 22 种特征污染物纳入了常规环境监测，并同步探索实践生物监测、暴露评价和风险评价工作。

生态环境部和国家卫生健康委于 2011—2017 年联合组织实施了"全国重点地区环境与健康专项调查"，此次调查是我国首次组织的大规模的环境污染对人群健康影响的基础调查。调查共涉及江苏高淳、江苏南京、浙江台州、江西崇义、山西洪洞、湖北大冶、陕西凤翔等 23 个调查点位，调查内容包括污染源调查、环境质量调查、暴露调查和健康状况调查，掌握了我国重点地区主要环境健康问题的基本特点和发展趋势。

自 2015 年开始，原环境保护部在环境健康问题突出地区启动环境健康风险哨点监测，针对特征污染物来源及其主要环境影响和敏感人群开展监测，持续、系统收集、分析该地区环境与健康基本情况，对于掌握我国环境污染对人体健康的风险、趋势及相应对策分析具有重要意义。目前，已有上海青浦、江苏常州、浙江台州、江西大余、湖北大冶等 18 个典型区域被纳入国家环境健康风险监测网络。

为推动环境健康风险管理制度建设，探索并完善生态环境健康管理路径，生态环境部于 2018 年正式启动国家生态环境健康管理试点工作。2019 年，江苏省连云港市被批准为国家生态环境与健康管理试点城市，以环境健康风险为依据，精准识别环境管理重点区域、重点行业、重点排污单位和重点控制污染物，将健康融入环境影响评价方法和流程，初步形成由环境健康风险识别、评估、防控构成的全过程风险管理路径，为环境健康工作提供了可复制推广的经验。

（3）江苏省环境健康风险评估工作进展

自 2011 年以来，根据生态环境部统一部署，江苏省组织开展了南京高淳农药污染区及南京六合化工园区环境与健康专项调查及风险监测，系统掌握了典型农药制造企业和化工生产企业的污染物排放特征、周边人群暴露状况、人群健康风险及所造成的健康影响。开展淮河流域重点地区环境与健康综合监测，选择淮安市盱眙县、金湖县，盐城市射阳县 3 个重点工作县，针对对人群健康影响较大的特征污染物(16 种多环芳烃,7 种重金属)开展包含水环境、土壤、农作物等方面的环境与健康综合监测,为江苏省淮河流域环境污染综合整治和健康危害防治提供技术支持。此外,在省生态环境厅的支持下,江苏省环境监测中心、常州环境监测中心等单位组织开展了"江苏省典型区域环境与健康综合监测技术研究与应用示范"和"典型化工园区环境与健康综合监测技术研究与应用示范"工作,针对食品加工业恶臭污染开展"江苏省典型食品加工业恶臭污染特征和环境风险研究",完成"江苏省典型区域土壤中拟除虫菊酯类农药污染特征及健康风险评价研究"等。

为推进健康江苏建设,江苏省委省政府印发了《"健康江苏 2030"规划纲要》《落实健康中国行动推进健康江苏建设实施方案》,将"构建有针对性的重点地区、流域、行业环境与健康调查监测体系,开展典型行业、典型区域等环境健康试点调查监测及风险评估,采取有效措施预防控制环境污染相关疾病"等的要求纳入工作内容。2019 年江苏省生态环境厅立项开展《江苏省环境与健康调查及风险评估体系建设研究》,项目从江苏省环境健康问题分析、环境健康调查及风险评估技术体系建立以及推动全省环境与健康管理工作发展等方面进行兼顾应用性以及前瞻性的研究。

(4) 环境健康风险评估技术体系研究进展

"十二五""十三五"期间,我国逐步开始建立环境与健康调查和风险评估的相应技术方法,发布了《生态环境健康风险评估技术指南　总纲》(HJ 1111—2020)、《环境污染物人群暴露评估技术指南》(HJ 875—2017)、《环境与健康现场调查技术规范　横断面调查》(HJ 839—2017)等系列标准,初步形成环境健康风险评估技术规范体系。然而,《生态环境健康风险评估技术指南　总纲》(HJ 1111—2020)对环境健康风险评估一般性原则、程序、内容、方法和技术要求进行统一规范,具有总领性、框架性的指导意义,但对于环境健康风险评估的模型、参数等缺乏具体可行的技术指导。《环境污染物人群暴露评估技术指南》(HJ 875—2017)主要针对风险评估"四步法"其中的"暴露评估"环节进行了规定。《环境与健康现场调查技术规范　横断面调查》(HJ 839—2017)规定了环境与健康现场调查横断面调查的一般性原则、工作程序、调查内容、方法和技术要求,其主要目的是基于环境流行病学的理论基础,建立污染源、环境暴露及其暴露人群健康影响相关关系。因此,当前制定《化学污染物环境健康风险评估技术导则》是落实党和国家关于"建立健全环境与健康监测、调查和风险评估制度"等要求的具体举措,对于规范和指导环境管理不同领域环境健康风险评估工作,推动落实环境健康风险管理具有重要的指导意义。

5.1.2.2 研究技术路线

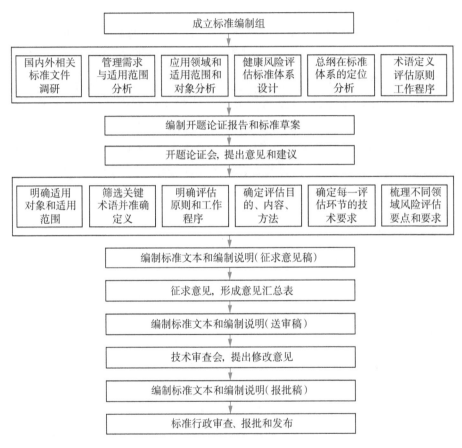

图 5.1.2-1 《导则》编制技术路线

5.1.2.3 编制原则

编制工作坚持以人为本为指导,在充分调研国内外相关部门已开展的环境污染健康风险评估相关工作及内容的基础上,充分吸纳"全国重点地区环境与健康调查""环境健康风险哨点监测"等一系列现场调查、监测工作成果和实践经验,制定本规范主要技术内容,使技术规范不仅符合当前国家环境健康工作

和管理需求,同时也具有可操作性。其编制原则有以下几个方面:

(1)科学性

基于合理假设,运用科学的理论与方法,结合我省人群特征的暴露参数开展评估,确保评估结果的科学性和可靠性。

(2)针对性

根据评估对象的污染特征,选取实际暴露情景,构建有针对性的健康风险暴露评估模型。

(3)谨慎性

充分考虑污染物暴露评估的不确定和变异性,基于"合理的最坏情形假设",开展暴露浓度和暴露量估算。

5.1.2.4 主要内容

标准制定借鉴了国际上通用的健康风险评价的"四步法",即危害识别、剂量-反应关系评估、暴露评估及风险表征,以《生态环境健康风险评估技术指南总纲》(HJ 1111—2020)为指导,并充分吸纳"环境与健康风险哨点监测""江苏省环境与健康调查及风险评估体系建设研究"等项目经验,制定本标准主要技术内容,使技术规范不仅符合当前国家环境健康工作和管理需求,同时也具有可操作性。

本标准规定了化学污染物环境健康风险评估的适用范围、规范性引用文件、术语和定义、评估程序、评估内容和方法,以及报告编制的要求;附录包含污染物的毒性参数查询数据库、推荐的暴露评估模型及变量赋值、致癌风险和危害商的推荐模型。

(1)适用范围。适用于大气、水、土壤等环境介质中单一或多种化学污染物对人群健康风险的评估。

(2)目标和原则。以科学性、针对性、谨慎性为原则,以满足环境健康风险管理的需求为目标,将环境健康风险评估与环境影响评价、质量改善及标准管理相结合,为环境风险管理服务。

(3)前期准备阶段包括确定风险评估启动条件、基础资料收集、目标污染物筛选,主要目的是确定目标污染物种类、空间分布、影响程度,污染物可能的敏感受体。

(4)危害识别是对污染物的现有毒理学资料和流行病学资料的充分分析,

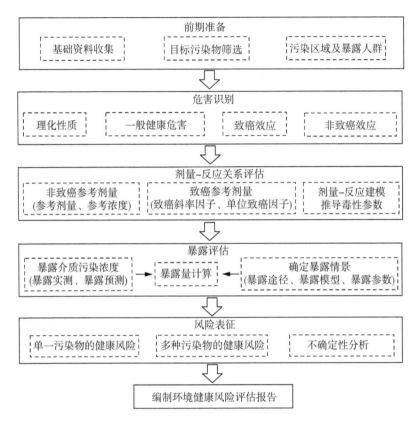

图 5.1.2-2 环境健康风险评估工作流程

确认评价污染物导致的健康危害特性。本标准规定了危害识别所需的具体数据以及数据质量评价与控制内容，并列出了目前国际上常见的污染物危害查询数据库。

（5）剂量-反应关系评估是对人群污染物暴露水平和其所产生的某种健康效应发生率或者严重程度之间关系的评价，通过剂量-反应关系评估可以确定污染物人群暴露的安全剂量（参考剂量）。本标准规定了非致癌物和致癌物的毒性参数类型、推导公式及查询数据库。

（6）暴露评估是对人群暴露于环境污染物的暴露量、暴露频率、时间及可能的暴露途径的综合评价的过程，确定受影响的人群。本标准规定了暴露情景构建、不同暴露途径涉及的暴露介质、暴露浓度确定方法、暴露量计算模型、江苏地区成人和儿童的暴露参数等内容。

（7）风险表征是在对危害识别、剂量-反应评估和暴露评估综合评价的基础上,根据一定的原则和计算模型,对污染物造成暴露人群健康效应的反应概率和预期危害程度的概率进行估计和预测。本标准规定了致癌物和非致癌物的风险表征计算模型、可接受的风险水平及不确定性分析方法。

5.1.2.5 与相关法律法规和相关标准的关系

截至 2022 年 5 月,我国已经发布的人体健康风险评估相关标准共计 10 项,见表 5.1.2-1,归口单位为国家卫生健康委和生态环境部门。

卫生部门发布的相关标准包括《工业场所化学有害因素职业健康风险评估技术导则》,主要应用在职业健康安全方面;《大气污染人群健康风险评估技术规范》主要适用于大气污染物的人群健康风险评估;《化学物质环境健康风险评估技术指南》明确了开展环境健康风险评估的具体技术要求。

生态环境部门发布的相关文件包括《新化学物质危害评估导则》《建设项目环境风险评价技术导则》《化学品风险评估通则》《污染场地风险评估技术导则》《人体健康水质基准制订技术指南》《环境污染物人群暴露评估技术指南》《建设用地土壤污染风险评估技术导则》《生态环境健康风险评估技术指南 总纲》。其中,《新化学物质危害评估导则》是为了贯彻《新化学物质环境管理办法》对新化学物质申报登记应遵守的标准,包括数据要求、评估方法、分级标准所做的规定;《化学品风险评估通则》规定了化学品风险评估的原则、程序、基本内容和一般要求,适用于化学品的风险评估。《建设项目环境风险评价技术导则》适用于有毒有害和易燃易爆物质的生产、使用、贮存等的新建、改建、扩建和技术改造项目的环境风险评价,其健康风险主要针对火灾、爆炸、泄漏等事故造成的人体健康风险,未涉及长期累积性暴露的健康风险评估。《建设用地土壤污染风险评估技术导则》适用于污染场地人体健康风险评估和污染场地土壤和地下水风险控制值的确定,对于污染场地人体健康风险评估而言相对完善,但无法满足区域多介质环境污染健康风险评价等多方面的需求。《人体健康水质基准制订技术指南》规定了人体健康水质基准的制订程序、方法和技术要求,适用于我国地表水和可提供水产品的淡水水域中污染物质长期慢性健康效应人体健康水质基准制订。《环境污染物人群暴露评估技术指南》对风险评价中暴露评估这一步骤进行规范,可为本标准的制定提供技术支持。《生态环境健康风险评估技术指南 总纲》为环境健康风险评估标准体系的纲领性文件,用于指导各应用领域环境健康风险评估技术方法制修订工作。由于该标准为纲领性文件,缺少对于暴露评估、风险表征具体计算方法的描述,也缺少污染物毒性参数、人体暴露参数等关键参数的规定。

《导则》在《环境健康风险评估技术指南 总纲》总体指导原则下,结合江苏省污染行业特点,制定环境健康风险评价导则,并对常见特征污染物的毒性参数、推导方法、人群暴露参数等进行具体规定,为我省开展环境健康风险评价提供指导。

表 5.1.2-1 环境健康风险评估相关国内标准

序号	标准名称	标准编号	标准性质	发布日期	归口单位	适用范围
1	新化学物质危害评估导则	HJ/T 154—2004	环境保护标准	2004-04-13	环境保护部	规定了新化学物质危害性评估的数据要求、评估方法、分级标准、评估结论的编写等事项;适用于新化学物质申报中的专家评审和申报人的自评
2	建设项目环境风险评价技术导则	HJ/T 169—2004	环境保护标准	2004-12-11	环境保护部	规定了建设项目环境风险评价的目的、基本原则、内容、程序和方法;适用于涉及有毒有害和易燃易爆物质的生产、使用、贮存等的新建、改建、扩建和技术改造项目(不包括核建设项目)的环境风险评价
3	化学品风险评估通则	SN/T 3522—2013	出入境检验检疫行业标准	2013-03-01	国家认证认可监督管理委员会	规定了化学品风险评估的原则、程序、基本内容和一般要求;适用于化学品的风险评估
4	工业场所化学有害因素职业健康风险评估技术导则	GBZ/T 298—2017	国家职业卫生标准	2017-09-30	卫生和计划生育委员会	规定了工作场所化学有害因素职业健康风险评估的框架、工作程序和评估方法;适用于对劳动者在职业活动中因接触化学有害因素所导致的职业健康风险进行评估
5	环境污染物人群暴露评估技术指南	HJ 875—2017	原环境保护标准	2017-11-24	环境保护部	规定了环境污染物人群暴露评估的工作程序、评估内容、评估方法及技术要求;适用于企事业单位和其他生产经营活动过程中,产生并释放于环境介质(空气、水、土壤)中的污染物(仅指化学污染物)对非职业人群的暴露评估

续表

序号	标准名称	标准编号	标准性质	发布日期	归口单位	适用范围
6	大气污染人群健康风险评估技术规范	WS/T 666—2019	卫生推荐标准	2019-07-22	国家卫生健康委员会	规定了进行大气污染健康风险评估的基本原则、工作流程、评估方法和要求、评估结果的应用及评估报告框架;适用于基于大气污染物浓度和毒性资料的人群健康风险评估和基于人群暴露特征和流行病学资料的人群大气污染健康风险评估
7	建设用地土壤污染风险评估技术导则	HJ 25.3—2019	环境保护标准	2019-12-5	生态环境部	规定了建设用地土壤污染风险评估的原则、内容、程序、方法和技术要求;适用于建设用地健康风险评估和土壤、地下水风险控制值的确定
8	化学物质环境风险评估技术方法框架性指南(试行)	环办固体〔2019〕54号	技术文件	2019-08-26	生态环境部	通过分析化学物质的固有危害属性及其在生产、加工、使用和废弃处置全生命周期过程中进入生态环境及向人体暴露等方面的信息,科学确定化学物质对生态环境和人体健康的风险程度
9	生态环境健康风险评估技术指南 总纲	HJ 1111—2020	环境保护标准	2020-03-18	生态环境部	规定了生态环境健康风险评估的一般性原则、程序、内容、方法和技术要求;适用于指导生态环境管理过程中,为预防和控制与损害公众健康密切相关的环境化学性因素而开展的环境健康风险评估
10	化学物质环境健康风险评估技术指南	WS/T 777—2021	卫生行业标准	2021-03-29	国家卫生健康委员会	提供了化学物质环境健康风险评估的内容与流程,给出了危害识别、剂量-反应评估、暴露评估、风险表征4个评估步骤的技术要求及评估报告的编制要求。未明确风险评估启动条件、目标污染物筛选、暴露范围确定等原则

　　方法的制订以《生态环境健康风险评估技术指南 总纲》(HJ 1111—2020)方法为依据,两种方法的关系和比较见表5.1.2-2。

表5.1.2-2　与国内其他标准的关系

条款	HJ 1111—2020	本标准
适用范围	用于指导生态环境管理过程中,为预防和控制与损害公众健康密切相关的环境化学性因素而开展的环境健康风险评估	适用于大气、水、土壤等环境介质中单一或多种化学污染物对人群健康风险的评估
评估程序	包括方案制定、危害识别、危害表征、暴露评估和风险表征。方案制定包括明确评估目的、确定评估范围、选择评估类型、确定数据获取方法、明确评估内容和要求、确定评估方案等内容	包括前期准备、危害识别、剂量-反应关系评估、暴露评估、风险表征、报告编制。前期准备包括确定风险评估启动条件、基础资料收集、目标污染物筛选等内容

条款	HJ 1111—2020	本标准
危害识别	规定了危害识别的主要内容、评估步骤、数据质量评价等内容	增加了污染物的毒性资料查询数据库（附录A）
危害表征	规定了危害表征的评估内容、评估步骤、定性危害表征和定量危害表征评估的原则要求	明确了有阈值化学物质和无阈值化合物健康风险评估涉及的具体参考剂量参数，并增加了污染物参考剂量的推导方法和毒性参数的查询数据库
暴露评估	规定了暴露评估的评估内容、评估步骤及相关技术要求，包括确定暴露情景、建立暴露模型、定性暴露评估、定量暴露评估的一般原则要求	以附录形式规定了暴露量计算的推荐模型，并给出了江苏地区儿童和成人暴露评估模型主要参数及推荐值
风险表征	规定了风险表征的评估内容、评估步骤及定性风险描述、定量风险估计、不确定性分析和评估结论等技术要求	以附录形式规定了污染物风险表征计算的公式，确定了致癌物和非致癌物的风险阈值，并明确了多种污染物的风险表征计算的原则

5.1.2.6　小结

《化学污染物环境健康风险评估技术导则》规定了化学污染物环境健康风险评估的适用范围、规范性引用文件、术语和定义、评估程序、评估内容和方法，以及报告编制的要求；附录包含污染物的毒性参数查询数据库、推荐的暴露评估模型及变量赋值、致癌风险和危害商的推荐模型。其对于规范和指导环境管理不同领域环境健康风险评估工作，推动落实环境健康风险管理具有重要的指导意义。

5.2　农药行业企业环境健康调查及风险评估

5.2.1　技术路线

江苏工业经济高度发达，以占全国1%的土地供养了全国6%的人口，创造了超过全国10%的GDP。人口、产业和城市高度密集，污染物排放量大，人均环境容量全国最小、单位国土面积工业负荷全国最高，环境污染带来的健康风险较高。《"健康江苏2030"规划纲要》要求"强化环境与健康监测评价，构建有针对性的重点地区、流域、行业环境与健康综合监测体系，完善环境特征污染物筛选和分析测试技术，深入开展环境污染状况监测、人群暴露监测和健康效应监测调查。逐步建立和完善包括环境质量监测与健康影响监测的环境与健康监测网络,系统掌握我省主要环境污染物水平和人群健康影响状况与发展变化趋势"。因此在江苏省环境健康问题识别的基础上,选择重点行业开展典型企业周边地区环境健康调查监测及风险评估,掌握江苏省重点行业主要环境健康问题的基本特点,提出环境健康管理综合防治对策,对于推进实施全省环境健康风险管理制度具有重要意义。以农药行业企业为例,环境健康监测技术路线见图5.2.1-1。

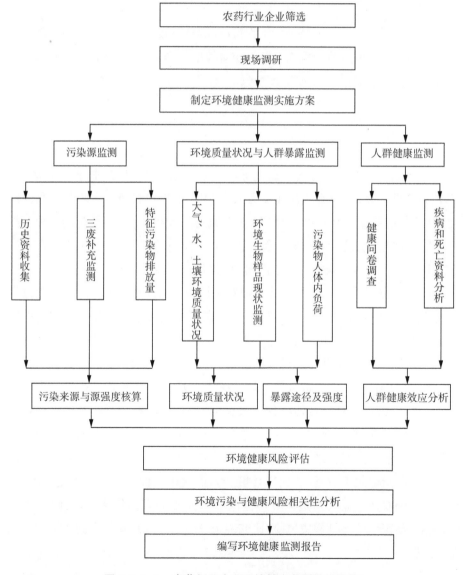

图 5.2.1-1 农药行业企业环境健康监测技术路线

5.2.2 农药行业企业选择

5.2.2.1 选择原则

行业选择原则:存在媒体高度关注的问题、具有较高环境污染健康风险的污染物类型和行业;江苏省代表性重污染行业,如化工、农药、医药、钢铁、电力热电生产、固废处置等;行业特征污染物健康危害效应明确,且监测方法具有技术可行性。

企业选择原则:有明确特征污染物排放源,且有较长时间的特征污染物排放史和较大的排放规模;排放源周围有一定规模的暴露人群,并具有可能的暴露途径;企业生产工艺、规模、污染物处理排放在行业中具有一定的代表性和普遍性。

5.2.2.2 行业概况

江苏是我国生产农药品种最多、产量最大、基础最为雄厚的农药大省。截至 2017 年,江苏省已取得农药登记证的企业共有 253 家,其中原药企业 116 家,制剂企业 137 家,从业人员 1.2 万人。2017 年全省农药年生产能力原药约 120 万 t,制剂约 350 万 t,可生产 170 多个原药品种和 2 900 多个制剂品种。据中国农药工业协会统计,2015 年全国农药产量 374.1 万 t,其中江苏省农药产量达 105.55 万 t,位列国内第一,占比为 28.2%。

据估算,农药生产所使用的化工原料利用率仅有 40%,其余 60% 均通过废水、废气和废渣等形式排出。据统计,全国农药工业每年有超过百万吨高毒剧毒原料、中间体及副产物、农药残留等排出,污染物种类主要包括农药活性成分、苯酚类、苯胺类、硝基苯、有机磷、有机硫、有机氯、吡啶、嘧啶杂环类、氨基甲酸酯类、菊酯类等,其中大部分污染物都在美国 EPA 129 种优先控制污染物名录中。同时,我国农药行业污染物排放标准并不完善,农药行业大气污染物长期执行《大气污染物综合排放标准》《恶臭污染物排放标准》,未与农药生产工艺特点和污染治理情况相结合,行业针对性不强,涉及农药行业的有毒有害特征污染物控制指标较少,在保护大气环境和人群健康方面存在明显不足。因此,有必要开展农药企业周边地区环境健康综合监测和人群健康风险评估,为评价、预测、预警环境污染健康风险,研究制定环境风险管理对策和健康干预措施提供依据。

5.2.3 农药行业企业环境健康调查及风险评估案例

5.2.3.1 企业概况

某农药生产企业主要从事农用杀菌剂原药的合成及农药剂型的加工复配，占地面积约 30 km²，职工 300 余人，年生产三环唑、丙环唑、戊唑醇、己唑醇、粉唑醇等各种农用杀菌剂原药约 3 000 t。该企业东面和北面为农田，其 1 km 范围内分布有村庄。

企业废气按产生性质分类收集、处理，通过生产区废气总管收集进入各自处理设施。不含卤素废气（反应釜放空废气和废水精馏废气）通过 1 套"碱液喷淋＋RTO 焚烧炉焚烧＋碱液喷淋"废气处理装置处理后，通过 1 根 30 m 高排气筒排放。含卤素工艺废气（丙环唑溴化工段及副产品氢溴酸、溴化钾中和工段废气），通过管道收集后，经两级水吸收＋一级碱吸收＋除雾器＋活性炭吸附处理后，通过 1 根 20 m 高排气筒排放。粉剂加工车间粉尘经收集后采用布袋除尘处理，尾气通过 1 根 15m 高排气筒有组织排放；丙类车间粉尘经布袋除尘器处理，有机废气经水吸收＋活性炭吸附处理后，尾气共用 1 根 20 m 高排气筒有组织排放。

现场调研发现，企业周边有较为密集的人群居住（表 5.2.3-1），原药合成区与集镇 A 相距仅约 200 m，周边人群普遍反映经常能够闻到农药厂排放的异味，因此将该公司纳入监测点位，开展环境健康综合监测，评估人群污染物暴露的健康风险。

表 5.2.3-1　农药厂周边人群分布

敏感点	方位	距离厂界最近距离(m)	人群规模(人)
村庄 A	N	55	950
村庄 B	SW	250	350
集镇 A	N	200	1 500
村庄 C	S	500	820
小学及幼儿园	NE	500	450
村庄 D	E	830	100
村庄 E	SW	840	180
村庄 F	SE	1 000	1 050

5.2.3.2 三唑类农药健康危害

三唑类杀菌剂(TFs)在农业上广泛用于防治真菌,自 1990 年以来,TFs 在全球农业中的应用一直呈上升趋势,2020 年全球 TFs 的产量达到 2 万 t 以上,使得 TFs 成为农业中使用最广泛、最普遍的杀菌剂,在粮食、蔬菜和水果中广泛使用。TFs 主要包括环丙唑醇、戊唑醇、粉唑醇、苯醚甲环唑、苯唑醇、三环唑等。TFs 具有化学和光化学高稳定性、广谱杀菌性以及易于转移到环境中的特性,使它们在土壤、水和食物中持续存在。在 TFs 生产和使用过程中,可能导致其在土壤、空气、地下水和地表水中释放,对环境和健康构成潜在危害。

TFs 的作用模式特殊,它们抑制甾醇的生物合成,甾醇是真菌细胞膜完整性的关键成分。三唑类在植物木质部是可移动的,很容易被叶子吸收并在叶子内移动。碳-14 标记研究表明,在 1 d 内,TFs 的 3 个标记液滴覆盖了整个大豆叶,在施用后的第 3 d 和第 7 d,TFs 在叶内的浓度增加。在第 14 d,TFs 浓度达到接近峰值水平。

产品安全数据表指出,短暂接触 TFs 可能会导致轻微的皮肤刺激和发红。通过口服途径接触,这些 TFs 被认为具有低毒性。吸入灰尘会导致鼻子、肺和喉咙发炎。研究表明,在动物体内,TFs 主要的靶器官为肝脏、睾丸、肾上腺、肾脏和甲状腺。研究表明,在七周大的雄性 CARKO 和野生型(WT)小鼠的饮食中加入 200 mg/kg 的环唑醇、1 500 mg/kg 的戊唑醇或 200 mg/kg 的氟康唑可引起肝脏肥大,并显著增加肝脏的嗜酸性改变病灶和/或腺瘤,雄甾烷受体(CAR)在三唑类农药诱导的肝脏肥大和肿瘤发生中起关键作用。动物研究表明 TFs 对哺乳动物繁殖有毒性作用。有关环丙唑醇暴露的雄性小鼠实验室研究发现高剂量下小鼠的肝肿瘤发病率增加。在暴露于 TFs 混合物的大鼠的成年雄性后代中观察到不利影响,如前列腺和附睾重量减少、前列腺组织病理学改变和精子数量减少。越来越多的体外和体内实验表明,TFs 对非目标生物具有肝毒性、生殖发育毒性和内分泌干扰作用。虽然水环境中的 TFs 残留处于痕量水平(ng/L 或 μg/L),但丙环唑、苯醚甲环唑和环丙唑醇等 TFs 仍会致畸、致癌、致突变。

一项来自法国的病例-对照研究结果显示,职业性接触三唑类杀菌剂与男性淋巴肿瘤(LN)发生风险存在正相关(OR=8.4,95%CI=2.2~32.4)。最新的一项研究结果表明,来自中国 9 个地区的市场收集的 3 406 份 13 种食品样本显示,55.52%的样本含有浓度为 $0.10 \sim 803.30$ μg/kg 的三唑类农药,29.77%的样本含有 $2 \sim 7$ 种三唑的组合。戊唑醇和苯醚甲环唑是食品中最常见的三唑类药物,分别在 33.44% 和 30.45% 的样本中检出。慢性和急性累积风险评估显示,这些食品样本的三唑类药物暴露水平低于可能造成健康风险的水平(慢性危害指数范围为 $5.90 \times 10^{-7} \sim 1.83 \times 10^{-3}$;急性危害指数范围为 $7.77 \times 10^{-5} \sim 0.39$,低于 1)。值得注意的是,儿童的饮食暴露风险高于普通人群,尤其是急性摄入柑橘、葡萄和黄瓜(急性危害指数值为 $0.35 \sim 0.39$)。

戊唑醇(Tebuconazole,CAS:107534-96-3):是由德国拜耳研发的一种广谱、高效三唑类杀菌剂,是目前我国常用的杀菌剂之一,主要用于防治小麦、水稻、花生、蔬菜、香蕉、苹果、梨以及玉米、高粱等作物上的多种真菌病害。根据大气中半挥发性有机化合物的气体/颗粒分配模型,戊唑醇在 20℃时的蒸气压为 1.28×10^{-8} mm Hg,预计仅存在于环境大气中的颗粒相中饱和蒸气压 1.30×10^{-3} mPa(25℃)。颗粒相戊唑醇可通过湿沉降或干沉降从空气中去除。戊唑醇不含吸收波长大于 290 nm 的生色团,因此预计不会受到阳光直接光解的影响。水溶解度(20℃)36 mg/L。大鼠急性经口 $LD_{50} = 1\ 700$ mg/kg(低毒),大鼠短期膳食暴露 NOEL > 10.8 mg/kg。戊唑醇原药急性、亚慢性经口毒性与诱变性的实验研究结果显示,戊唑醇原药有一定的生物蓄积作用,可引起潜在的慢性中毒,主要的毒作用部位是肝脏与血液系统。戊唑醇原药在 SD 雌、雄大鼠亚慢性(90 d)经口试验中未观察到有害效应的剂量水平分别为 16.3 和 8.0 mg/kg/d。此外,研究还发现,戊唑醇具有遗传毒性作用,能够诱导 DNA 断裂,并增加微核骨髓细胞的频率,戊唑醇已被美国 EPA 列为人类潜在致癌物之一(C 类,可能的人类致癌物)。

大鼠经口暴露 10、25 和 50 mg/kg 戊唑醇,每天 1 次,共 28 d,结果表明,肝脏谷胱甘肽含量降低,谷胱甘肽 S-转移酶、超氧化物歧化酶、过氧化氢酶和谷胱甘肽过氧化物酶活性升高;肾脏和睾丸超氧化物歧化酶活性增加;但睾丸谷胱甘肽 S-转移酶活性降低。戊唑醇治疗可降低血清睾酮浓度和附睾尾部精子数。研究表明戊唑醇在肝脏中诱导多种 CYPs 和氧化应激;抑制睾丸 P450 和谷胱甘肽 S-转移酶活性;并对雄性大鼠产生抗雄激素作用。

丙环唑(Tebuconazole,CAS:107534-96-3):具有杀菌谱广泛、活性高、杀菌速度快、持效期长、内吸传导性强等特点,世界上大吨位的三唑类新型广谱性杀菌剂代表品种,可有效地防治大多数高等真菌引起的病害。丙环唑适用作物为蔬菜、水稻、小麦、大麦、玉米、人参、香蕉、咖啡、花生、葡萄等。饱和蒸气压 0.056 mPa(25℃)，水溶解度(20℃)150 mg/L。大鼠急性经口 LD_{50}＝550 mg/kg (低毒)，大鼠急性经皮 LD_{50}＞4 000 mg/kg，大鼠急性吸入 LC_{50}＞5.8 mg/L，大鼠短期膳食暴露 NOEL＝2.7 mg/kg。致癌性分类为 C 类(可能的人类致癌物)，可能的肝毒性，弱雌激素和芳香化酶活性抑制。

研究表明，Sprague-Dawley 大鼠以 0.5～50 mg/kg/d(28 d)的剂量暴露于丙环唑，可通过上皮-间质转化和胶原沉积诱导肝纤维化。此外，体外研究表明丙环唑具有内分泌干扰作用，丙环唑抑制 CYP 19(芳香化酶)的活性，该酶负责将雄激素转化为雌激素，也是雄激素和雌激素受体拮抗剂。Wistar 大鼠从出生后第 50 d 到第 120 d 灌胃暴露 4 mg/kg 和 20 mg/kg 丙环唑，4 mg/kg 组大鼠精子尾部形态异常、精囊和输精管重量增加，雌二醇水平下降。20 mg/kg 大鼠性行为受到影响。这些结果表明，丙环唑引起了一些生殖参数的改变，这可能与内分泌干扰有关。

粉唑醇(Flutriafol，CAS：76674－21－0)：三唑类杀菌剂，是甾醇脱甲基化抑制剂，原药为无色晶体，在酸、碱、热和潮湿的环境中稳定，具有广谱的杀菌活性，内吸性强，在植物体内向顶部传导，对病害有保护和治疗作用。可防治禾谷类作物(主要包括小麦、大麦、黑麦、玉米等)茎叶、穗部病害以及土传病害。饱和蒸气压 4.0×10^{-4} mPa(25℃)，水溶解度(20℃)95 mg/L。大鼠急性经口 LD_{50}＞1 140 mg/kg(低毒)，大鼠急性经皮 LD_{50}＝1 000 mg/kg，大鼠急性吸入 LC_{50}＞5.2 mg/L，大鼠短期膳食暴露 NOEL＝2.0 mg/kg。可能的肝脏毒物，可能导致贫血，内分泌问题——雌激素抑制较弱。

己唑醇(Hexaconazole，CAS：79983－71－4)：白色晶体，饱和蒸气压 0.018 mPa(25℃)。水溶解度(20℃)18 mg/L。大鼠急性经口 LD_{50}＝2 189 mg/kg，大鼠急性经皮 LD_{50}＞2 000 mg/kg，大鼠急性吸入 LC_{50}＝5.9 mg/L，大鼠短期膳食暴露 NOEL＝5 mg/kg。美国 EPA 人类可能致癌物；内分泌干扰性：抑制芳香化酶活性，减少雌激素形成。

三环唑(Tricyclazole，CAS：41814－78－2)：白色无臭针状结晶，饱和蒸气压 0.027 mPa(25℃)。水溶解度(20℃)596 mg/L。大鼠急性经口 LD_{50}＝289.79 mg/kg(中等毒性)，大鼠急性经皮 LD_{50}＝2 000 mg/kg，大鼠急性吸入 LC_{50}＞1.15 mg/L，大鼠短期膳食暴露 NOEL＝9.6 mg/kg。

5.2.3.3 污染源调查

污染源调查以资料收集为主,通过收集企业的基本情况、原辅材料、产品种类、工艺流程、污染物种类及通过各种途径的排放量、污染处理设施、环保监测数据等,同时收集企业环境影响评价报告、竣工验收报告的资料,进一步了解企业排放的特征污染物种类、排放途径、排放量。

5.2.3.4 环境暴露监测

（1）环境空气监测

根据《环境与健康监测技术规范》(DB32/T 4260—2022)、《环境空气质量手工监测技术规范》(HJ/T 194—2005)要求,在企业周边人群居住区设置3～5个监测点。根据污染源和暴露人口的分布特点,在农药生产企业周边1 km范围内人群分布敏感点设置3个大气监测点,分别位于东北方向的村庄A(138 m),西南方向的村庄B(515 m)以及正南方向的村庄F(442 m)。对照点设置在东南方向的6.7 km处村庄。监测点位示意见图5.2.3-1。

农药特征污染物采样采用中流量采样器,同时采集气相和可吸入颗粒物(PM$_{10}$),监测污染物在两相中的含量。将中流量采样器(国际仪器 AMEM, ADS-2062)放在无障碍物的区间,用石英(QMF)纤维滤膜捕集大气中PM$_{10}$,用聚氨酯泡沫(PUF)吸附芯吸附气态物质。在采样器的滤膜架上放置好石英纤维滤膜,在 PUF 套管放入一块 PUF,以 0.1 m^3/min 的速度每天采集 20 h以上。采样在 2020 年 10 月和 2021 年 5 月各进行 1 次,每次连续采集 4 d。气样采集后贴好标签,−20℃低温保存,并在 1 周内完成预处理和分析。

（2）室内积尘监测

在企业周边的村庄 A、B、F 及对照点的村庄开展室内积尘监测,每个村设置 3 个监测点位,共计 12 个监测点位。采集监测家庭室内功能区(卧室、客厅及厨房等)的地面、窗台、柜顶等区域或固体器具表面的尘土混合样,多点混合采集不少于 5 g,采样后密封存放于塑封袋中。采集后贴好标签,−20℃低温保存,并在一周内完成预处理和分析。采样在 2020 年 10 月和 2021 年 5 月各进行 1 次。

（3）膳食监测

与室内积尘采样的家庭保持一致。采集家庭储存的大米,样品混合后按四

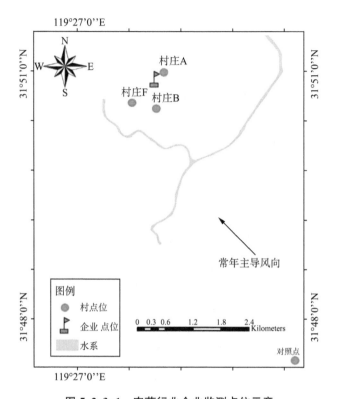

图 5.2.3-1　农药行业企业监测点位示意

分法对角取样,再次进行混合,每份样品采集 100 g。蔬菜:分类采集调查家庭存放蔬菜,其中小型植株叶菜类(如韭菜等)去根留整株作为样品;大型植株叶菜及根茎类用辐射形切割法切成 4 份或 8 份,取其 2 份进行缩分。采样后分别装入塑料袋或布袋,贴好标签,扎紧袋口,回实验室按照特征污染物分析方法要求进行样品制备,采样量 0.5~1 kg。采样在 2020 年 10 月和 2021 年 5 月各进行 1 次。

5.2.3.5　质量控制和质量评价

（1）质量控制方法

实验室样品的分析采用平行样控制分析的精密度,每批次监测分析不少于 10%的平行样,样品量较少时,至少做 1 份平行样。若测定平行双样的相对偏差在允许范围内,最终结果以双样测定值的平均值报出;若测试结果超出规定允许偏差范围,在样品允许保存期内,再加测一次,监测结果取相对标准偏差符合质控指标的 2 个监测值的平均值,否则该批次监测数据失效;实验室分析准确度采用标准样品、质控样品或实验室加标回收中任意一种方法进行控制。

（2）质量评价

本次监测共得到有效数据共 560 个、质控样品数据 17 个，其中平行数据 2 个，空白样 5 个。保证每 1 批次每个分析项目均进行标准质控样分析，分析结果均在保证值范围内，所做平行样的相对偏差均在 20% 以内，达到质量控制中相关要求。

5.2.3.4 环境健康风险评估

（1）暴露评估

经呼吸道途径的暴露剂量计算公式如下：

$$ADD_{inh} = \frac{C_a \times IR \times EF \times ED}{BW \times AT}$$

式中：ADD_{inh}——经呼吸道途径的暴露剂量，mg/(kg·d)；

C_a——空气中污染物的浓度，mg/m³；

IR——摄取速率，m³/d；

EF——暴露频率，d/a，一般取值为 350 d/a；

ED——暴露期，a；

BW——人群平均体重，kg；

AT——平均暴露时间，d，$AT = ED \times 365$ d/a。

经口摄入积尘、膳食途径的暴露量计算公式如下：

$$ADD_{oral\_s} = \frac{C \times IR \times EF \times ED \times ABS_o}{BW \times AT} \times 10^{-6}$$

式中：ADD_{oral_s}——经口摄入途径污染物的日均暴露量，mg/(kg·d)；

C——积尘、蔬菜、大米等暴露介质中污染物浓度，mg/kg；

IR——每日暴露介质摄入量，mg/d；

EF——暴露频率，d/a；

ED——暴露期，a；

ABS_o——经口摄入吸收效率因子，美国能源部风险评估信息系统（RAIS）取值 1.00；

BW——人群平均体重，kg；

AT——平均暴露时间,d。

儿童和成人暴露参数主要参照《中国人群暴露参数手册》(成人卷和儿童卷),具体见表 5.2.3-2。

表 5.2.3-2 暴露量计算参数取值

参数	取值		数据来源
	成人	儿童(0~5 岁)	
空气 IR(m^3/d)	16.0	9.0	《中国人群暴露参数手册》
积尘 IR(kg/d)	5×10^{-5}	7.8×10^{-5}	环保公益专项——"环境健康风险评价中的儿童土壤摄入率及相关暴露参数研究"(201309044)
蔬菜(kg/d)	0.270	0.125	《中国人群暴露参数手册》
大米(kg/d)	0.253	0.120	《中国人群暴露参数手册》
体重 BW(kg)	63.2	20.5	《中国人群暴露参数手册》

(2)健康风险评估

非致癌健康风险评估模型:$HQ = ADD/RfD$;HQ 为非致癌风险商,表征污染物的非致癌风险。单一污染物的可接受危害商为 1,危害指标≤1,预期将不会造成显著损害,危害指标>1,表示暴露剂量超过阈值,可能产生危害性。

致癌性风险评估模型:$CR = ADD \times CSF_o$;CR 为超额致癌风险,CSF_o 为致癌斜率因子。单一污染物的可接受超额致癌风险水平为 10^{-6}。

通过查询美国 EPA 风险评估信息系统(The Risk Assessment Information System,RAIS)和英国的农药毒性数据库(Pesticides Properties DataBase,PPDB),5 种三唑类农药的毒性参考剂量如表 5.2.3-3 所示。

表 5.2.3-3 5 种三唑类农药毒性参考剂量

污染物	慢性经口暴露参考剂量 RfD_{α}(mg·kg^{-1}·d^{-1})		经口致癌斜率因子 CSF_o[mg·kg^{-1}·d^{-1})$^{-1}$]
	RAIS	PPDB	RAIS
戊唑醇	0.029	0.03	
丙环唑	0.029	0.04	
粉唑醇	0.05	0.01	

污染物	慢性经口暴露参考剂量 RfD_{α} (mg·kg^{-1}·d^{-1})		经口致癌斜率因子 $CSFo$ [mg·kg^{-1}·d^{-1}] $^{-1}$
	RAIS	PPDB	RAIS
己唑醇	0.02	0.005	
三环唑	0.067	0.03	$1.60×10^{-2}$

5.2.3.5 初步结果

健康风险评估结果显示,在污染区和对照区人群暴露于三唑类农药的潜在健康风险在可控范围内。尽管三唑类农药的健康风险较低,但由于它们普遍存在于普通食品中,并可能产生累积效应,因此暴露于三唑类农药的潜在危害应引起公众关注。

5.3 工业集中区环境健康调查及风险评估

5.3.1 技术路线

工业集中区环境健康调查分为预调查和正式调查两个阶段。预调查是为正式调查做准备,其目的是初步确定环境污染影响范围、污染物种类,敏感人群范围、人群主要暴露方式及其他可能影响人群健康的因素,明确对照区,验证调查技术路线和方法的可行性。预调查包括资料收集、现场踏勘和人员访谈,以及污染源和环境暴露初步现场调查等具体工作。预调查工作的核心主要指向特征污染物筛查及正式调查区域范围的确定。典型区域环境健康调查及风险评估技术路线见图 5.3.1-1。

5.3.2 工业集中区选择

江苏省代表性重污染行业主要包括:化工、农药、医药、钢铁、电力热电生产、固废处置等。在江苏省前期已开展的环境健康重点关注行业、区域筛选与识别研究成果的基础上,综合考虑地理位置、产业结构、排放特征污染物类型、周边人群分布密集以及媒体关注度高等因素,将化工园区作为重点关注工业集中区,优先开展环境健康调查监测及风险评估。

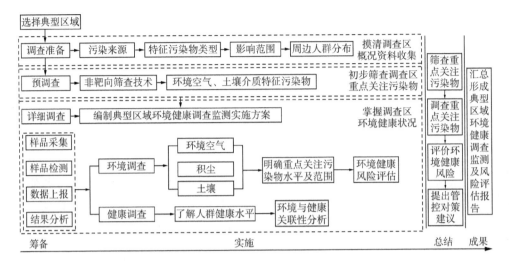

图 5.3.1-1　工业集中区环境健康调查及风险评估技术路线

5.3.3　工业集中区环境健康调查及风险评估案例

5.3.3.1　区域概况

　　某工业集中区位于长江沿岸,区域内有多家石油化工大型企业以及热电厂、钢铁生产企业等,大气污染物排放量大,周边敏感点较多,其下风向居民较多,周边居民反映其废气污染较重。该工业集中区企业生产的产品主要包括:石油炼制及烃类衍生物;以煤、盐、硫黄为原料的合成氨、硫酸、硝酸、烧碱等无机化工和化肥产品;以苯为原料的苯胺、环己酮、硝基氯苯等有机化工产品;以橡胶助剂为主体的 RT、防老剂等精细化工;乙苯、苯乙烯、聚苯乙烯、丙烯酸、丙烯酸丁酯等有机化工原料。

5.3.3.2　预调查

　　为初步确定调查监测区域环境污染影响范围、污染物种类,敏感人群范围、人群主要暴露方式及其他可能影响人群健康的因素,通过资料收集、现场踏勘和人员访谈,并采用非靶向筛查技术对区域开展特征污染物初筛调查监测,初步筛选区域环境空气和土壤的特征污染物。

（1）调查内容

重点对调查区域下风向空气中挥发性有机物（VOCs）进行筛查，采用气相色谱-质谱联用仪（GC-MS）筛查空气中的 VOCs。对调查区域下风向土壤中半挥发性有机物（SVOCs）进行筛查，在调查区域污染源下风向布设点位采集表层土壤，采用 GC-MS 进行筛查。采用现场走访调查方式确定调查区域污染源排放特征污染因子，利用优先控制化学品生产和使用情况调查结果确定优控化学品。

（2）监测方法

预调查采用非靶向筛查技术，利用固相萃取、加速溶剂萃取等前处理技术富集不同介质环境样本中污染物，基于飞行时间质谱技术（QTOF）原理及项目组已构建的环境污染物高分辨质谱数据库（＞1000 种），结合气相色谱-四极杆/飞行时间质谱（GC-QTOF）和液相色谱-四极杆/飞行时间质谱（LC-QTOF）两种分析手段，将色谱分离能力与质谱高分辨率相结合，基于保留时间、精确质量数、同位素丰度、二级碎片信息等多参数的筛查评价系统，实现无标准样品情况下的污染物快速定性分析，从而迅速捕获不同环境样本的特征污染因子，为后续靶向定量分析及环境风险评价指明方向、提供技术支撑。

（3）预调查结果

非靶向筛查监测结果显示，环境空气中苯、正己烷、丙酮、二硫化碳、甲苯、乙酸乙酯等有检出；土壤中石油烃类、酞酸酯类检出率较高，2,4-二特丁基苯酚、二苯砜、2,4-二枯基酚、邻苯二甲酸二（2-乙基己）酯在各点位均有检出。区域走访调查结果表明，硫化氢、氯化氢、苯系物、氨气、环氧乙烷、甲醇、正己烷、环己酮、丙酮等为区域内污染源排放特征污染因子。化学品生产及使用调查结果表明，区域生产和使用的化学品中苯、甲苯、环氧乙烷、丁二烯、甲醛等排在前列。

5.3.3.3 环境暴露监测

（1）监测内容及时间

以该工业集中区为调查监测区域，分别监测环境空气中的重金属、无机气体、非甲烷总烃、VOCs、多环芳烃（PAHs），积尘中的苯系物、PAHs，土壤中的重金属、VOCs、SVOCs 浓度水平。

环境空气开展 2 期监测,每期监测 5 天;积尘和土壤分别开展 1 期监测,每期采样 1 次。具体监测时间见表 5.3.3-1。

表 5.3.3-1　监测时间安排

监测区域	环境介质	监测时间
某工业集中区	环境空气	第 1 期:2020 年 11 月连续 5 天 第 2 期:2021 年 3 月连续 5 天
	积尘	2020 年 11 月
	土壤	2020 年 12 月

(2) 监测点位

结合常年主导风向及居民分布情况,按照距离污染源由近及远布设点位。

环境空气和土壤监测点位一致,各布设 14 个监测点位,分别在工业集中区边界布设 5 个点位(6—10),距离工业集中区边界 1~2 km 居民区布设 5 个点位(1—5),距离化工集中区边界约 5 km 布设 4 个点位(11—14)。积尘监测点位仅在工业集中区周边居民区和学校布设,共布设 5 个点位,位置与环境空气和土壤居民区点位一致。监测点位示意见图 5.3.3-1。

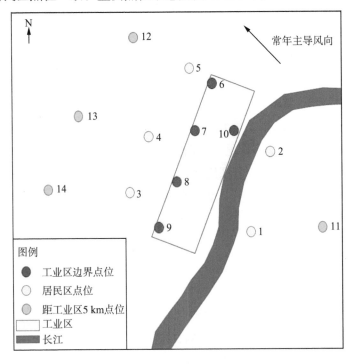

图 5.3.3-1　工业集中区监测点位示意

（3）监测项目及频次

该工业集中区环境空气监测项目共 146 种，包括 4 种重金属，3 种无机气体，1 种非甲烷总烃，122 种 VOCs，16 种 PAHs；积尘监测项目共 23 种，包括 7 种苯系物，16 种 PAHs；土壤监测项目共 72 种，包括 pH 值，7 种重金属，31 种 VOCs，31 种 SVOCs，2 种石油烃。具体监测项目及频次见表 5.3.3-2。

表 5.3.3-2　工业集中区监测项目及频次

类别	监测项目	监测频次
环境空气	重金属(4 种)：铅、铬、汞、镍	上、下午各 1 次
	无机气体(3 种)：氯化氢、硫化氢、氨	每天 4 h 均值
	非甲烷总烃	每天 4 h 均值
	VOCs(122 种)：脂肪族化合物(饱和烷烃 31 种、烯炔烃 12 种、环氧烷烃 2 种，共 45 种)、含氧挥发性有机物 OVOCs(醇类、醚、醛、酮、酯共 19 种)、恶臭类物质(二硫化碳、甲硫醚、二甲二硫醇等 4 种)、苯系物(16 种)、卤代烃(35 种)、其他(萘、丙烯腈、四氢呋喃等 3 种)等六类	每天 1 次采样(不少于 18 h 连续采样)
	PAHs(16 种)：萘、苊、二氢苊、芴、菲、蒽、荧蒽、芘、苯并[a]蒽、䓛、苯并[b]荧蒽、苯并[k]荧蒽、苯并[a]芘、茚并[1,2,3-c,d]芘、二苯并[a,h]蒽、苯并[g,h,i]苝	连续采集 24 h
积尘	苯系物(7 种)：苯、甲苯、乙苯、间二甲苯、对二甲苯、邻二甲苯、苯乙烯	监测 1 次
	PAHs(16 种)：同环境空气	
土壤	重金属和无机物(8 种)：pH 值、砷、铬、铅、汞、镍、镉、铬(六价)	监测 1 次
	VOCs(31 种)：四氯化碳、氯仿、氯甲烷、1,1-二氯乙烷、1,2-二氯乙烷、1,1-二氯乙烯、顺-1,2-二氯乙烯、反-1,2-二氯乙烯、二氯甲烷、1,2-二氯丙烷、1,1,1,2-四氯乙烷、1,1,2,2-四氯乙烷、四氯乙烯、1,1,1-三氯乙烷、1,1,2-三氯乙烷、三氯乙烯、1,2,3-三氯丙烷、氯乙烯、苯、氯苯、1,2-二氯苯、1,4-二氯苯、乙苯、苯乙烯、甲苯、间二甲苯、对二甲苯、邻二甲苯、一溴二氯甲烷、溴仿、二溴氯甲烷、1,2-二溴乙烷	
	SVOCs(31 种)：硝基苯、苯胺、2-氯酚、苯并[a]蒽、苯并[a]芘、苯并[b]荧蒽、苯并[k]荧蒽、䓛、二苯并[a,h]蒽、茚并[1,2,3-cd]芘、萘(结合前期课题成果将多环芳烃扩展为 16 种：萘、苊、二氢苊、芴、菲、蒽、荧蒽、芘、苯并[a]蒽、䓛、苯并[b]荧蒽、苯并[k]荧蒽、苯并[a]芘、茚并[1,2,3-c,d]芘、二苯并[a,h]蒽、苯并[g,h,i]苝)、六氯环戊二烯、2,4-二硝基甲苯、2,4-二氯酚、2,4,6-三氯酚、2,4-二硝基酚、五氯酚、3,3'-二氯联苯胺、邻苯二甲酸二(2-乙基己基)酯、邻苯二甲酸丁基苄酯、邻苯二甲酸二正辛酯(结合筛查结果酞酸酯类扩展为 HJ834 中的 6 种)	
	结合筛查结果石油烃类项目(2 种)：石油烃(C6-C9)、石油烃(C10-C40)	

（4）监测方法

环境空气中污染物的现场监测和实验室分析主要参照《大气污染物综合排放标准》(GB 16297—2004)、《环境空气质量标准》(GB 3095—2012)、《环境空气质量监测规范(试行)》、《环境空气质量评价技术规范(试行)》(HJ 663—2013)、《环境空气质量手工监测技术规范》(HJ/T 194—2005)等标准规范。环境空气采样按照《环境空气质量手工监测技术规范》(HJ 194—2017)执行,各项指标监测分析方法见表5.3.3-3。

表5.3.3-3 环境空气监测分析方法

监测指标		分析方法
重金属	气态汞	《固定污染源废气 汞的测定 冷原子吸收分光光度法(暂行)》(HJ 543—2009)
	尘态汞	原子荧光分光光度法《空气和废气监测分析方法》(第四版增补版)国家环保总局 2007年 第五篇第三章七(二)
	铅	《空气和废气 颗粒物中铅等金属元素的测定 电感耦合等离子体质谱法》(HJ 657—2013)
	铬	
	镍	
无机物	氯化氢	《环境空气和废气 氯化氢的测定 离子色谱法》(HJ 549—2016)
	硫化氢	亚甲基蓝分光光度法《空气和废气监测分析方法》(第四版增补版)国家环保总局 2007年 第三篇第一章十一(二)
	氨	《环境空气和废气 氨的测定 纳氏试剂分光光度法》(HJ 533—2009)
非甲烷总烃		《环境空气 总烃、甲烷和非甲烷总烃的测定 直接进样-气相色谱法》(HJ 604—2017)
VOCs		《环境空气 挥发性有机物的测定 吸附管采样-热脱附/气相色谱-质谱法》(HJ 644—2013)
PAHs		《环境空气和废气 气相和颗粒物中多环芳烃的测定 高效液相色谱法》(HJ 647—2013)

积尘各项指标监测分析方法见表5.3.3-4。

表5.3.3-4 积尘监测分析方法

监测指标		分析方法(参照)
苯系物	苯	《土壤和沉积物挥发性有机物的测定吹扫捕集/气相色谱-质谱法》(HJ 605—2011)
	甲苯	
	乙苯	
	间/对二甲苯	
	邻二甲苯	
	苯乙烯:	
PAHs		《土壤和沉积物 半挥发性有机物的测定 气相色谱-质谱法》(HJ 834—2017)

土壤采样按照《土壤环境监测技术规范》(HJ/T 166—2004)执行,土壤pH值采用《土壤pH值的测定 电位法》(HJ 962—2018),各项指标监测分析方法

见表 5.3.3-5。

表 5.3.3-5 土壤监测分析方法

监测指标		分析方法
重金属	镍	《土壤和沉积物 铜、锌、铅、镍、铬的测定 火焰原子吸收分光光度法》(HJ 491—2019)
	总铬	
	汞	《土壤和沉积物 汞、砷、硒、铋、锑的测定 微波消解/原子荧光法》(HJ 680—2013)
	砷	
	铅	《土壤质量 铅、镉的测定 石墨炉原子吸收分光光度法》(GB/T 17141—1997)
	镉	
VOCs		《土壤和沉积物挥发性有机物的测定吹扫捕集/气相色谱-质谱法》(HJ 605—2011)
SVOCs		《土壤和沉积物 半挥发性有机物的测定 气相色谱-质谱法》(HJ 834—2017)

5.3.3.4 环境健康风险评估

工业集中区环境健康风险评估分别进行非致癌风险和致癌风险两方面的评估,其中环境空气中污染物对人体健康风险评估主要考虑经呼吸道吸入暴露途径,积尘和土壤中污染物对人体健康风险评估主要考虑经口道摄入和经皮肤接触暴露途径。

1. 非致癌风险评估方法

环境污染物对人体危害的程度,还取决于污染物进入人体的剂量。对非致癌物质而言,发生生物化学效应需要达到一定的暴露阈值,低于阈值则认为不会产生不利于健康的影响。非致癌危害商(HQ)通常定义为由于暴露造成的长期摄入量与参考剂量的比值。$HQ \leqslant 1$,预期将不会造成显著损害;$HQ > 1$,表示暴露剂量超过阈值,可能产生危害性。参考剂量代表不会引起明显致癌健康风险的暴露程度,是以每日暴露的剂量来预测长期暴露在此剂量下不会产生任何危害效应。

经呼吸道吸入暴露途径的危害商(HQ_{inh})计算公式如下:

$$HQ_{inh} = \frac{\mathrm{EC}}{RfC}$$

式中:RfC——经呼吸道吸入参考浓度,$\mathrm{mg/m^3}$;

EC——经呼吸道吸入环境空气污染物的暴露浓度,$\mathrm{mg/m^3}$。

由经呼吸道吸入参考浓度(RfC)可推导经呼吸道吸入参考剂量(RfD_i)，计算公式如下：

$$RfD_i = \frac{RfC \times IR_a}{BW}$$

式中：RfD_i——经呼吸道吸入参考剂量，$mg \cdot kg^{-1} \cdot d^{-1}$；

RfC——经呼吸道吸入参考浓度，mg/m^3；

IR_a——人体每日空气呼吸量，m^3/d；

BW——人体体重，kg。

空气中的有害污染物主要通过呼吸途径进入人体器官内部，经呼吸道吸入环境空气中污染物的暴露浓度(EC)计算公式如下：

$$EC = \frac{C_a \times ET \times EF \times ED}{AT}$$

式中：C_a——环境空气污染物浓度，$\mu g/m^3$；

ET——呼吸暴露时间，h/d，由暴露人群的具体时间活动模式确定；

EF——暴露频率，d/a，一般取值为 350 d/a；

ED——暴露持续时间，a，终生暴露赋值76 a；

AT——平均暴露时间，h，平均暴露时间 $AT = ED \times 365\ d/a \times 24\ h$。

经口摄入积尘、土壤的危害商(HQ_{oral_s})计算公式如下：

$$HQ_{oral\_s} = \frac{ADD_{oral\_s}}{RfD_o}$$

式中：ADD_{oral_s}——经口摄入日均暴露量，$mg \cdot kg^{-1} \cdot d^{-1}$；

RfD_o——经口摄入参考剂量，$mg \cdot kg^{-1} \cdot d^{-1}$。

经口摄入积尘、土壤污染物的日均暴露量(ADD_{oral_s})计算公式如下：

$$ADD_{oral\_s} = \frac{Cs \times IRs \times ET \times EF \times ED \times ABS_o}{BW \times AT} \times 10^{-6}$$

式中：Cs——室内积尘、土壤中污染物的浓度，mg/kg；

IRs——每日摄入积尘、土壤的量，mg/d；

ET——呼吸暴露时间，h/d，由暴露人群的具体时间活动模式确定；

EF——暴露频率，d/a；

ED——暴露持续时间，a；

ABS_o——经口摄入吸收效率因子，无量纲；

BW——体重，kg；

AT——平均暴露时间，h；

经皮肤接触积尘、土壤的危害商（HQ_{dermal_s}）计算公式如下：

$$HQ_{dermal\_s} = \frac{ADD_{dermal\_s}}{RfD_d}$$

式中：ADD_{dermal_s}——皮肤接触日均暴露量，mg·kg^{-1}·d^{-1}；

RfD_d——皮肤接触参考剂量，mg·kg^{-1}·d^{-1}。

经皮肤接触积尘、土壤污染物的日均暴露量（ADD_{dermal_s}）计算公式如下：

$$ADD_{dermal\_s} = \frac{Cs \times SAE \times SSAR \times EF \times ED \times Ev \times ABS_d}{BW \times AT}$$

式中：Cs——积尘、土壤中污染物的浓度，mg/kg；

SAE——暴露皮肤表面积，cm^2；

$SSAR$——皮肤表面土壤黏附系数，mg/cm^2；

Ev——每日皮肤接触事件频率，次/d；缺省值为 1；

ABS_d——皮肤接触吸收效率因子，无量纲，取值范围为 0～1，具体可查询美国能源部风险评估信息系统（RAIS）；

EF——暴露频率，days/year；

ED——暴露持续时间，years；

BW——体重，kg；

AT——平均暴露时间，h；

2. 致癌风险评估方法

对于致癌性物质，一般没有剂量阈值，只要微量存在，即会对人体产生不利影响。致癌风险由超额致癌风险（R）表示，通过人体长期实际暴露浓度与致癌斜率因子的乘积来表示。单一污染物的可接受超额致癌风险水平为≤10^{-6}，表示风险不明显；10^{-6}～10^{-4}表示存在风险；>10^{-4}表示有显著风险。

经呼吸道吸入暴露途径的致癌风险（R_{inh}）计算公式如下：

$$R_{inh} = EC \times IUR$$

式中：IUR——经呼吸道吸入单位风险，($\mu g/m^3$)$^{-1}$；

EC——经呼吸道吸入环境空气污染物的暴露浓度，$\mu g/m^3$。

经口摄入积尘、土壤的超额致癌风险（R_{oral_s}）计算公式如下：

$$R_{oral\_s} = ADD_{oral\_s} \times SF_o$$

式中：ADD_{oral_s}——经口摄入日均暴露量，$mg \cdot kg^{-1} \cdot d^{-1}$；

SF_o——经口摄入致癌斜率因子（$mg \cdot kg^{-1} \cdot d^{-1}$）$^{-1}$。

经皮肤接触积尘、土壤的超额致癌风险（R_{dermal_s}）计算公式如下：

$$R_{dermal\_s} = ADD_{dermal\_s} \times SF_d$$

式中：SF_d——皮肤接触致癌斜率因子，（$mg \cdot kg^{-1} \cdot d^{-1}$）$^{-1}$；

ADD_{dermal_s}——皮肤接触日均暴露量，$mg \cdot kg^{-1} \cdot d^{-1}$。

3. 目标污染物筛选

根据区域调查监测结果，综合考虑有毒有害污染物的环境暴露情况、环境行为、健康危害程度等指标，筛选目标污染物。依据以下 5 项原则对开展环境健康风险评估的目标污染物进行筛选：① 污染物检出率＞10％；② 在《有毒有害大气污染物名录》中的污染物；③ 在《优先控制化学品名录》中的污染物；④ 环境质量标准或污染物排放标准中涉及的污染物；⑤ 被国际癌症研究所（IARC）列为致癌物的污染物。

（1）环境空气目标污染物

根据以上原则，筛选出工业集中区环境空气目标污染共有 43 种，包括 4 种重金属、3 种无机气体、29 种 VOCs、6 种 PAHs 及非甲烷总烃。其中，在《有毒有害大气污染物名录》中的污染物有 8 种，在《优先控制化学品名录》种的污染物有 13 种，我国环境质量或污染物排放标准中涉及的污染物有 24 种，致癌污染物有 35 种，非致癌污染物有 8 种。环境空气目标污染物清单见表 5.3.3-6。

表 5.3.3-6　工业集中区环境空气目标污染物清单

序号	类别	污染物名称	是否为有毒有害污染物	是否为优控化学品	是否为标准涉及污染物	致癌性分类
1	重金属	尘态汞	是	是	是	3 类
2	重金属	铅	是	是	是	2B 类
3	重金属	铬	是	否	是	3 类
4	重金属	镍	否	否	否	2B 类

续表

序号	类别	污染物名称	是否为有毒有害污染物	是否为优控化学品	是否为标准涉及污染物	致癌性分类
5	无机气体	氨	否	否	是	
6	无机气体	氯化氢	否	否	是	3类
7	无机气体	硫化氢	否	否	是	
8	非甲烷总烃	非甲烷总烃	否	否	是	
9	VOCs	二氯甲烷	是	是	是	2A类
10	VOCs	氯甲烷	否	否	是	3类
11	VOCs	乙醛	是	是	是	2B类
12	VOCs	苯	否	是	是	1类
13	VOCs	甲苯	否	是	是	3类
14	VOCs	1,2-二氯乙烷	否	否	是	2B类
15	VOCs	丙酮	否	否	是	
16	VOCs	丙烯	否	否	否	3类
17	VOCs	乙烯	否	否	否	3类
18	VOCs	二硫化碳	否	否	是	
19	VOCs	1,2-二氯丙烷	否	是	否	1类
20	VOCs	异丙醇	否	否	否	3类
21	VOCs	四氯化碳	否	否	否	2B类
22	VOCs	乙苯	否	否	否	2B类
23	VOCs	三氯甲烷	是	是	是	
24	VOCs	乙酸乙烯酯	否	否	是	
25	VOCs	甲基叔丁基醚	否	否	否	3类
26	VOCs	1,3-丁二烯	否	是	是	1类
27	VOCs	丙烯醛	否	否	是	3类
28	VOCs	氯乙烷	否	否	是	3类
29	VOCs	苯乙烯	否	否	是	2B类
30	VOCs	丙烯腈	否	否	是	2B类
31	VOCs	四氢呋喃	否	否	否	2B类
32	VOCs	四氯乙烯	是	是	否	
33	VOCs	异戊二烯	否	否	否	2B类
34	VOCs	三氯乙烯	是	是	是	1类

续表

序号	类别	污染物名称	是否为有毒有害污染物	是否为优控化学品	是否为标准涉及污染物	致癌性分类
35	VOCs	对/间-二甲苯	否	否	是	3类
36	VOCs	邻-二甲苯	否	否	是	3类
37	VOCs	1,3-二氯苯	否	否	是	2B类
38	多环芳烃	蒽	否	是	否	3类
39	多环芳烃	萘	否	是	否	2B类
40	多环芳烃	二氢苊	否	否	否	3类
41	多环芳烃	菲	否	否	否	3类
42	多环芳烃	芴	否	否	否	3类
43	多环芳烃	荧蒽	否	否	否	3类

（2）积尘目标污染物

首先将高于检出限、且检出率＞10％作为目标污染物的初步筛选条件，统计工业集中区积尘污染物的检出情况。结果显示，积尘5个点位中的6种苯系物中，苯、乙苯、间/对二甲苯、苯乙烯4种指标均低于检出限；甲苯、邻二甲苯在3个点位(编号1、2、3)低于检出限；2个点位(编号4、5)的甲苯、邻二甲苯测值略高于检出限。16种PAHs中，蒽、二苯并(a,h)蒽2个指标均未检出；其余14种检出率大于10％，因此，先初步筛选2种苯系物、14种PAHs。

综合污染物检出率、有毒有害及优先控制污染物名录和健康危害污染物的筛选结果，最终确定目标污染清单，共有14种多环芳烃污染物。其中，属于优控化学品名录的共6种，属于标准涉及污染物的共1种，属于致癌污染物的共14种。积尘目标污染物清单见表5.3.3-7。

表5.3.3-7　某工业集中区积尘目标污染物清单

序号	污染物名称	是否为有毒有害污染物	是否为优控化学品	是否为标准涉及污染物	致癌性分类
1	苯并[a]蒽	否	是	否	2B类
2	苯并[a]芘	否	是	是	1类
3	苯并[b]荧蒽	否	是	否	2B类
4	苯并[k]荧蒽	否	是	否	2B类

续表

序号	污染物名称	是否为有毒有害污染物	是否为优控化学品	是否为标准涉及污染物	致癌性分类
5	蒽	否	是	否	3类
6	萘	否	是	否	2B类
7	苊	否	否	否	3类
8	二氢苊	否	否	否	3类
9	菲	否	否	否	3类
10	芘	否	否	否	3类
11	䓛	否	否	否	2B类
12	芴	否	否	否	3类
13	茚并[1,2,3-cd]芘	否	否	否	2B类
14	荧蒽	否	否	否	3类

（3）土壤目标污染物

基于土壤污染物检出率＞10％,筛选出 32 种污染物,按照属于国家规定的有毒有害目标污染物、优先控制目标化学品、国家标准限定物质、致癌物质等条件,进行二次筛选结果,最终确定目标污染清单(28 个种类),包括 6 种重金属、7 种 VOCs、14 种 SVOCs 以及总石油烃(C10-C40)。土壤目标污染物清单见表 5.3.3-8。

表 5.3.3-8　某工业集中区土壤中目标污染物清单

序号	类别	污染物名称	是否为有毒有害污染物	是否为优控化学品	是否为标准涉及污染物	致癌性分类
1	重金属	镉	是	是	是	1类
2	重金属	汞	是	是	是	3类
3	重金属	砷	是	是	是	1类
4	重金属	铅	是	是	是	2B类
5	重金属	镍	否	否	是	2B类
6	重金属	总铬	是	否	是	3类
7	VOCs	二氯甲烷	否	是	是	2A类
8	VOCs	氯仿	是	是	是	2B类
9	VOCs	四氯化碳	否	否	是	2B类
10	VOCs	苯	否	是	是	1类
11	VOCs	甲苯	否	是	是	3类

序号	类别	污染物名称	是否为有毒有害污染物	是否为优控化学品	是否为标准涉及污染物	致癌性分类
12	VOCs	四氯乙烯	是	是	是	2A 类
13	VOCs	1,2-二氯苯	否	否	否	3 类
14	SVOCs	硝基苯	否	否	是	2B 类
15	SVOCs	萘	否	是	是	2B 类
16	SVOCs	菲	否	否	否	3 类
17	SVOCs	蒽	否	否	否	3 类
18	SVOCs	荧蒽	否	否	否	3 类
19	SVOCs	苯并[a]蒽	否	是	是	2B 类
20	SVOCs	䓛	否	否	否	2B 类
21	SVOCs	苯并[k]荧蒽	否	是	是	2B 类
22	SVOCs	苯并[a]芘	否	是	是	1 类
23	SVOCs	茚并[1、2、3-c、d]芘	否	否	是	2B 类
24	SVOCs	二苯并[a、h]蒽	否	是	是	2A 类
25	SVOCs	苯并[g、h、i]芘	否	否	是	3 类
26	SVOCs	邻苯二甲酸二(2-二乙基己基)酯	否	否	是	2B 类
27	SVOCs	苯并[b]荧蒽	否	是	是	2B 类
28	其他	总石油烃(C10-C40)	否	否	是	否

（4）风险评估参数值选取

空气中的有害污染物主要通过呼吸途径进入人体器官内部,经呼吸道吸入环境空气中污染物的暴露参数取值见表5.3.3-9。

表 5.3.3-9　环境空气污染物暴露参数

序号	暴露参数	参数值
1	呼吸暴露时间(ET)	24 h
2	暴露频率(EF)	350 d/a
3	暴露持续时间(ED)	76 a
4	平均暴露时间(AT)	665 760 h

登录美国风险评估信息系统(The Risk Assessment Information System, RAIS),对工业集中区环境空气中43种目标污染物的毒性数据进行查询,其中

共查询到 28 种污染物的毒性数据,因此对已具有毒性参数的 28 种污染物开展环境健康风险评估,具体目标污染物及毒性参数见表 5.3.3-10。同时,为了便于计算 PAHs 的 B[a]P 等效毒性,在表格中列出 B[a]P 的 RfC 和 IUR 供参考。

表 5.3.3-10　环境空气污染物毒性参数

序号	类别	污染物名称	RfC-急性 （mg/m^3）	RfC-慢性 （mg/m^3）	IUR （μg/m^3）$^{-1}$	RfC-亚慢性 （mg/m^3）
1	重金属	尘态汞	0.0006	0.0003		0.000 3
2	重金属	铅			0.000 012	
3	重金属	镍		9.00×10^{-5} *	2.60×10^{-4} *	
4	无机气体	氨	1.184 09	0.5		0.1
5	无机气体	氯化氢	2.1	0.02		
6	无机气体	硫化氢	0.097 571	0.002		0.027 877
7	VOCs	二氯甲烷		0.6 *	1.00×10^{-8} *	
8	VOCs	氯甲烷	1.032 515	0.09	1.8×10^{-6}	3
9	VOCs	乙醛	0.47	0.009	2.2×10^{-6}	
10	VOCs	苯	0.028 752	0.03	7.8×10^{-6}	0.08
11	VOCs	甲苯	7.6	5		5
12	VOCs	1,2-二氯乙烷		0.007	0.000 026	0.07
13	VOCs	丙酮	19	31.0 *		
14	VOCs	丙烯		3		
15	VOCs	二硫化碳	6.2	0.7		0.7
16	VOCs	1,2-二氯丙烷	0.092 43	0.004	3.7×10^{-6}	0.009 24
17	VOCs	四氯化碳	1.9	0.1	0.000 006	0.188 736
18	VOCs	乙苯	21.68	1	2.5×10^{-6}	9
19	VOCs	三氯甲烷		9.80×10^{-2} *	2.30×10^{-5} *	
20	VOCs	丙烯醛	0.006 879	0.000 02		9.17×10^{-5}
21	VOCs	苯乙烯	21.27	1		3
22	VOCs	丙烯腈	0.217 014	0.002	0.000 068	
23	VOCs	四氢呋喃		2		
24	VOCs	四氯乙烯	0.040 69	0.04	2.6×10^{-7}	0.040 69
25	VOCs	三氯乙烯		0.002	4.1×10^{-6}	0.002 15

序号	类别	污染物名称	RfC-急性 (mg/m^3)	RfC-慢性 (mg/m^3)	IUR $(\mu g/m^3)^{-1}$	RfC-亚慢性 (mg/m^3)
26	VOCs	对/间-二甲苯		0.1*		
27	VOCs	邻-二甲苯	22	0.1		
28	多环芳烃	萘		0.003	0.000 034	
29	多环芳烃	苯并[a]芘		0.000 002	0.0006	

备注：* 参考数据来自《建设用地土壤污染风险评估技术导则》(HJ25.3—2019)附录 B。

经口摄入土壤途径暴露参数选取按照最长持续暴露时间引起的最大暴露风险情景假设，ET 暴露人群具体时间设为 24 h，EF 暴露频率取 350 d/a；ED 暴露持续时间为 76 a。调查点位总体上按照商业服务和工业用地类型考虑，仅考虑人群在成人期的终生暴露，赋值 76 a；AT 平均暴露时间按照 76 a×365 d/a×24 h。计算 ABS_o。根据生态环境部《污染场地风险评估技术导则》(HJ 25.3—2019)附录 G 表 G.1 风险评估模型参数及推荐值，无论敏感用地、非敏感用地 ABS_o 的取值均为 1。根据《中国人群暴露参数手册（成人卷）》，IRs 值为 50 mg/d，BW 取 63.2 kg。经口摄入土壤暴露参数值见表 5.3.3-11。

表 5.3.3-11　经口摄入土壤暴露参数

序号	暴露参数	最大暴露风险情景假设
1	呼吸暴露时间(ET)	24 h/d
2	暴露频率(EF)	350 d/a
3	暴露持续时间(ED)	76 a
4	平均暴露时间(AT)	665 760 h
5	IR_s	50 mg/d(成人)；72 mg/d(儿童)
6	ABS_o	1(无量纲)
7	BW	63.2 kg(成人)；20.5kg(儿童)

根据生态环境保护部 2019 年修订发布的《建设用地土壤污染风险评估技术导则》(HJ 25.3—2019)附录 B，查询筛选确定的 28 种污染物的经口摄入土壤参考剂量 RFD_o、经口摄入致癌斜率因子 SF_o，部分导则中未提供的项目，参照美国 RAIS 数据库所提供的参考剂量、致癌风险参数值，以及美国 EPA 暴露参数手册 Exposure Factors Handbook：2011 Edition，具体情况参见表 5.3.3-12。

表 5.3.3-12　经口摄入土壤暴露参数

序号	类别	污染物名称	$RfD_o(mg \cdot kg^{-1} \cdot d^{-1})$	$SF_o(mg \cdot kg^{-1} \cdot d^{-1})^{-1}$
1	重金属	镉	0.001	6.1
2	重金属	汞(无机)	0.000 30	
3	重金属	砷	0.000 30	1.5
4	重金属	铅	0.003 5	0.008 5
5	重金属	镍	0.020	
6	重金属	铬	1.500 00	
7	VOCs	二氯甲烷	0.006	0.002
8	VOCs	氯仿(三氯甲烷)	0.010	0.031
9	VOCs	四氯化碳	0.004	0.070
10	VOCs	苯	0.004	0.055
11	VOCs	甲苯	0.080	
12	VOCs	四氯乙烯	0.006	0.002
13	VOCs	1,2-二氯苯	0.090	0.005
14	SVOCs	硝基苯	0.002	
15	SVOCs	萘	0.020	0.120
16	SVOCs	菲		
17	SVOCs	蒽	0.300	
18	SVOCs	荧蒽	0.040	
19	SVOCs	苯并[a]蒽		0.100
20	SVOCs	䓛		0.001
21	SVOCs	苯并[k]荧蒽		0.010
22	SVOCs	苯并[a]芘	0.000 3	1
23	SVOCs	茚并(1,2,3-cd)芘		0.100
24	SVOCs	二苯并[a, h]蒽		1.000
25	SVOCs	苯并[g、h、i]苝		
26	SVOCs	邻苯二甲酸二(2-乙基巳基)酯	0.020	0.014
27	SVOCs	苯并[b]荧蒽		0.100
28	其他	总石油烃(C10-C40)		

经皮肤接触土壤途径暴露参数选取,按照最长持续暴露时间引起的最大暴露风险情景假设,ET 暴露人群具体时间设为 24 h,EF 暴露频率取 350 d/a;

ED 暴露持续时间,赋值 76 a;AT 平均暴露时间,按照 76 a × 365 d/a× 24 h 计。根据《中国人群暴露参数手册(成人卷)》,BW 取 63.2 kg,儿童取 20.5 kg;成年人体表暴露皮肤表面积 SAE 取 16 000 cm^2,儿童取 8 400 cm^2;成年人皮肤表面土壤黏附系数 $SSAR$ 取 0.07 mg/cm^2,儿童取 0.2 mg/cm^2;E_v 每日皮肤接触事件频率,缺省值为 1;成年人皮肤接触吸收效率因子 ABS_d 无量纲,取值范围为 0~1,具体可查询美国能源部风险评估信息系统(RAIS),或参考生态环境部《污染场地风险评估技术导则》(HJ 25.3—2019)附录 G 表 G.1 风险评估模型参数推荐值。经皮肤接触的暴露参数值见表 5.3.3-13。

表 5.3.3-13 经皮肤接触土壤暴露参数

序号	暴露参数	最大暴露风险情景假设
1	呼吸暴露时间(ET)	24 h/d
2	暴露频率(EF)	350 d/a
3	暴露持续时间(ED)	76 a
4	平均暴露时间(AT)	665 760 h
5	暴露皮肤表面积 SAE(成年人/儿童)	16 000/8 400 cm^2
6	皮肤表面土壤黏附系数 $SSAR$(成年人/儿童)	0.07/0.2 mg/cm^2
7	每日皮肤接触事件频率 Ev	缺省值为 1
8	皮肤接触吸收效率因子 ABS_d	取值范围为 0~1(无量纲)
9	BW(成年人/儿童)	63.2 /20.5kg

土壤中经筛选的 28 种污染物的经皮肤暴露参数具体参见表 5.3.3-14。

表 5.3.3-14 经皮肤摄入土壤暴露参数

序号	类别	污染物名称	RfD_d (mg·kg^{-1}·d^{-1})	SF_d (mg·kg^{-1}·d^{-1})$^{-1}$	ABS_d
1	重金属	镉	0.000 025	244	0.001
2	重金属	汞(无机)	0.000 021		
3	重金属	砷	0.000 3	1.5	0.03
4	重金属	铅			
5	重金属	镍	0.000 8		
6	重金属	铬	0		
7	VOCs	二氯甲烷	0.006	0.002	
8	VOCs	氯仿(三氯甲烷)	0.01	0.031	

续表

序号	类别	污染物名称	RfD_d (mg·kg^{-1}·d^{-1})	SF_d (mg·kg^{-1}·d^{-1})$^{-1}$	ABS_d
9	VOCs	四氯化碳	0.004	0.07	
10	VOCs	苯	0.004	0.055	
11	VOCs	甲苯	0.08		
12	VOCs	四氯乙烯	0.006	0.002	
13	VOCs	1,2-二氯苯	0.09	0.005	
14	SVOCs	硝基苯	0.002		
15	SVOCs	萘	0.02	0.12	0.13
16	SVOCs	菲			0.13
17	SVOCs	蒽	0.3		0.13
18	SVOCs	荧蒽	0.04		0.13
19	SVOCs	苯并[a]蒽		0.1	0.13
20	SVOCs	䓛		0.001	0.13
21	SVOCs	苯并[k]荧蒽		0.01	0.13
22	SVOCs	苯并[a]芘	0.000 3	1	0.13
23	SVOCs	茚并[1,2,3-cd]芘		0.1	0.13
24	SVOCs	二苯并[a,h]蒽		1	0.13
25	SVOCs	苯并[g,h,i]芘			0.13
26	SVOCs	邻苯二甲酸二(2-乙基己基)酯	0.02	0.014	
27	SVOCs	苯并[b]荧蒽		0.1	0.13
28	其他	总石油烃(C10-C40)			

（5）重点关注污染物的健康危害

工业集中区排放的大气 VOCs 不仅对近地面臭氧、大气细粒子的形成和大气氧化性增强有着显著的贡献，而且会对人体健康产生不利的影响。世界卫生组织（WHO）从物理层面将 VOCs 定义为：空气中沸点在 50～260℃，室温（20℃）下饱和蒸气压超过 133.32Pa 的易挥发性有机化合物。研究表明，大气中的 VOCs 对人体具有不良的健康影响，包括导致皮肤、眼睛、呼吸道等刺激性急性症状，以及对神经系统、器官等产生慢性毒性，VOCs 中的部分成分具有较强的致癌效应。

环境中 VOCs 的暴露可以引起肺功能下降，研究显示，血液中苯、甲苯、苯乙烯等污染物浓度与肺功能下降相关。暴露于低剂量甲醛的典型症状有鼻炎、窦炎、咽炎、喘息等呼吸道刺激症状。VOCs还可作用于生物体中枢神经系统，引起认知、记忆、手眼协调能力下降等症状。有研究显示，在甲醛蒸汽环境中工作的职业人群常出现疲劳、头痛、记忆力减退、认知功能下降等症状，而长期接触甲苯的工人其记忆能力、专注程度、手眼灵敏度等均降低。

VOCs中的苯系物是苯及其衍生物的总称，通常是指单环芳香烃化合物，其中苯、甲苯、乙苯、二甲苯为苯系物中的代表性物种。苯系物具有较强的毒性和致癌性，不仅会刺激人体的皮肤和黏膜，而且对人体的呼吸系统、造血系统和神经系统等会有慢性或急性损害。苯在1987年被国际癌症研究机构（IARC）确定为人类Ⅰ类致癌物质，长期暴露在含苯浓度很高的环境空气中，会增加城市居民患癌症的风险，并可能由此诱发白血病和淋巴疾病。

VOCs中有健康危害的卤代烃主要包括：四氯化碳、1,1,1-三氯乙烷、邻二氯苯、氯苯、四氯乙烯、三氯乙烯、二氯乙烷、氯仿、二氯甲烷等。皮肤吸收卤代烃后，会侵犯人的神经中枢，或者会作用于人的内脏器官，因此会引起卤代烃的中毒反应。通常情况下，毒性最大的卤代烃是碘代烃，毒性依次降低的卤代烃是溴代烃、氯代烃和氟代烃。含卤素少的卤代烃比多卤素的卤代烃毒性弱；不饱和卤代烃的毒性比饱和卤代烃的毒性弱；高级卤代烃的毒性比低级卤代烃的要弱。

PAHs是一种典型的持久性有毒物质，并在环境中广泛痕量存在。PAHs是指含有两个或两个以上苯环的碳氢化合物以及由它们衍生出的各种化合物的总称。当不完全燃烧、热裂解有机物、工业生产和进行其他人类活动时，PAHs就可能形成并释放出来。PAHs在环境中分布很广，人们能够通过大气、土壤、水、食物、吸烟等许多途径摄入PAHs，是人类致癌的重要影响因素之一。

美国EPA早在20世纪70年代就已把16种PAHs列为"优先控制污染物"，包括萘、二氢苊、苊、芴、菲、蒽、荧蒽、芘、屈、苯并[a]蒽、苯并[k]荧蒽、苯并[b]荧蒽、苯并[a]芘、二苯并[a,h]蒽、茚并[1,2,3-cd]芘、苯并[g,h,i]芘。一些PAHs具有致癌、致畸、致突变"三致"毒性，并且由于PAHs的亲脂性和稳定性，可以在环境和生态系统中存在很长时间，使得PAHs的环境生态风险性更大。流行病学调查统计也表明焦炉工人的肺癌发病率高于普通人群，大气中的PAHs与居民肺癌发病有明显的相关性。此外，苯并[a]芘还具有致畸性和生殖毒性。

5.3.3.5 初步结果

环境健康风险评估结果显示,工业集中区周边居民区的环境健康风险总体在可接受范围内,环境空气为主要暴露介质。经口摄入和皮肤接触暴露途经,土壤和积尘中重金属、VOCs、SVOCs 的非致癌风险商均小于 1,致癌风险均小于 10^{-6},不会造成显著健康损害,致癌风险在可接受范围内。

5.4 长江流域环境健康调查及风险评估

5.4.1 技术路线

根据课题前期研究成果,选择长江流域作为典型流域开展调查工作。从人群健康角度考虑,结合环境污染物暴露途径,选择流域内重点集中式饮用水水源地为主要调查对象。考虑经消化道暴露作为主要暴露途径,开展环境健康调查监测及风险评估,研究技术路线详见图 5.4.1-1。

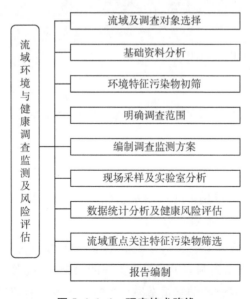

图 5.4.1-1 研究技术路线

5.4.2 调查对象选择

长江为江苏的主要饮用水水源地,长江流域重大环境风险源点多面广。长江江苏段26个县级及以上集中式饮用水水源地分布在沿江8个设区市。在选择调查点位时,参考和分析了流域内主要集中式饮用水水源地近5年内水质状况、年取水量、覆盖人口数量以及特征污染物检出情况等因素。另外,受研究时间和经费的限制,最终选择了16个水源地点位开展调查监测,调查点位分布情况详见图5.4.2-1。

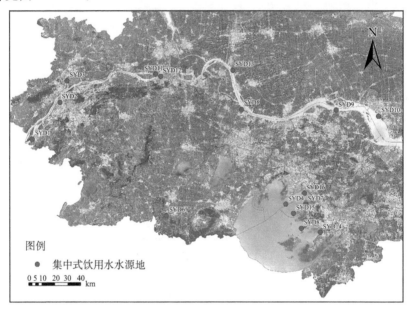

图5.4.2-1 集中式饮用水水源地调查点位分布范围示意

5.4.3 调查监测概况

长江流域16个重点集中式饮用水水源地中,9个水源地自长江取水,6个水源地自太湖取水,1个水源地为水库。

结合水源地预调查结果,以及我国68种优先污染物控制名单、美国EPA129种优先污染物控制名单等值得关注的污染物,进而确定饮用水水源地调查主要监测234项指标,包括重金属(20项)、挥发性有机物(54项)、半挥发性有机物(64项)、农药(33项)、多氯联苯(20项)、抗生素和内分泌干扰物(25

类),详见下表5.4.3-1。

在1年的调查周期内,选择10—12月和3—5月完成2次监测工作。根据相关采样技术规范,在每个饮用水水源地的取水口采集样品。

表5.4.3-1 饮用水水源地调查监测指标

重金属

序号	化合物中文名	序号	化合物中文名
1	铜	11	钼
2	锌	12	钴
3	硒	13	铍
4	砷	14	硼
5	汞	15	镍
6	镉	16	钡
7	铬(六价)	17	钒
8	铅	18	钛
9	铁	19	铊
10	锰	20	锑

挥发性有机物(VOCs)

序号	化合物中文名	序号	化合物中文名
1	氯乙烯	28	甲苯
2	1,1-二氯乙烯	29	反-1,3-二氯丙烯
3	二氯甲烷	30	1,1,2-三氯乙烷
4	反式-1,2-二氯乙烯	31	四氯乙烯
5	1,1-二氯乙烷	32	二溴氯甲烷
6	氯丁二烯	33	1,2-二溴乙烷
7	顺式-1,2-二氯乙烯	34	氯苯
8	2,2-二氯丙烷	35	1,1,1,2-四氯乙烷
9	溴氯甲烷	36	乙苯
10	氯仿	37	间,对-二甲苯
11	1,1,1-三氯乙烷	38	邻二甲苯
12	1,1-二氯丙烯	39	苯乙烯
13	四氯化碳	40	溴仿
14	苯	41	异丙苯
15	三氯乙烯	42	1,1,2,2-四氯乙烷

续表

16	1,2-二氯乙烷	43	溴苯
17	1,3-二氯丙烷	44	1,2,3-三氯丙烷
18	环氧氯丙烷	45	1,3,5-三甲基苯
19	1,2-二氯丙烷	46	2-氯甲苯
20	二溴甲烷	47	正丙苯
21	一溴二氯甲烷	48	4-氯甲苯
22	顺-1,3-二氯丙烯	49	叔丁基苯
23	1,2,4-三甲基苯	50	正丁基苯
24	仲丁基苯	51	1,2-二氯苯
25	1,3-二氯苯	52	1,2-二溴-3-氯丙烷
26	4-异丙基甲苯	53	1,2,3-三氯苯
27	1,4-二氯苯	54	六氯丁二烯

半挥发性有机物(SVOCs)

序号	化合物中文名	序号	化合物中文名
1	N-亚硝基二甲苯	33	二氢苊
2	苯酚	34	3-硝基苯胺
3	双(2-氯乙基)醚	35	2,4-二硝基苯酚
4	2-氯苯酚	36	二苯呋喃
5	1,3-二氯苯	37	2,4-二硝基甲苯
6	1,4-二氯苯	38	4-硝基酚
7	1,2-二氯苯	39	芴
8	双(2-氯异丙基)醚	40	4-氯苯基苯基醚
9	2-甲基苯酚	41	邻苯二甲酸二乙酯
10	六氯乙烷	42	4-硝基苯胺
11	4-甲基苯酚	43	4,6-二硝基-二甲基酚
12	N-亚硝基-n-丙胺	44	偶氮苯
13	硝基苯	45	4-溴苯基苯基醚
14	异佛尔酮	46	六氯苯
15	2-硝基苯酚	47	五氯酚
16	2,4-二基甲基苯酚	48	菲
17	双(2-氯乙氧基)甲烷	49	蒽
18	2,4-二氯酚	50	咔唑
19	1,2,4-三氯苯	51	邻苯二甲酸二丁酯

续表

20	萘	52	荧蒽
21	4-氯苯胺	53	芘
22	六氯丁二烯	54	邻苯二甲酸丁基苄基酯
23	4-氯-3-甲基苯酚	55	苯并(a)蒽
24	2-甲基萘	56	䓛
25	六氯环戊二烯	57	邻苯二甲酸二(2-乙基己基)酯
26	2,4,6-三氯苯酚	58	邻苯二甲酸二辛酯
27	2,4,5-三氯苯酚	59	苯并[b]荧蒽
28	2-氯萘	60	苯并[k]荧蒽
29	2-硝基苯胺	61	苯并[a]芘
30	苊烯	62	茚并[1,2,3-cd]芘
31	邻苯二甲酸二甲酯	63	二苯并[a,h]蒽
32	2,6-二硝基甲苯	64	苯并[g,h,i]芘

抗生素和内分泌干扰物

序号	化合物中文名	序号	化合物中文名
1	磺胺嘧啶	14	克林霉素
2	磺胺氯哒嗪	15	氧氟沙星
3	磺胺甲恶唑	16	诺氟沙星
4	磺胺异噁唑	17	可替宁
5	磺胺间二甲氧嘧啶	18	莠去津
6	磺胺吡啶	19	2-羟基阿特拉津
7	氯霉素	20	嘧菌酯
8	甲砜霉素	21	N,N-二乙基-3-甲基苯甲酰胺
9	氟甲飒霉素	22	异丙草胺
10	红霉素	23	甲霜灵
11	罗红霉素	24	异丙甲草胺
12	克拉霉素	25	多效唑
13	林可霉素	26	邻苯二甲酸

5.4.4 环境健康风险评估方法

（1）评估目的

饮用水水源地的水质关系着千家万户的饮水安全。本研究选择长江流域作为典型流域,从环境健康风险的角度考虑,选择了沿江 8 市重点集中式饮用水水源地开展调查监测,这些水源地覆盖了主要的城区人口用水需求。调查监测指标涉及水源水中重金属、多环芳烃、半挥发性有机物、挥发性有机物、抗生素、内分泌干扰物等有毒有害或可能具有潜在健康影响的污染物。

调查发现,很多污染物检出浓度达标,但是也有很大部分污染物暂时没有标准可以评价,因此也无法判断其对人群的健康影响。为研究流域环境特征污染物可能对流域人群造成的健康影响,本研究开展饮用水水源地环境健康风险评估工作。

(2)目标污染物的筛选

根据《化学污染物环境健康风险评估技术导则》,开展健康风险评估的目标污染物优先选择:① 环境质量标准或排放标准中涉及的健康危害较高的污染物,如具有生殖发育毒性、内分泌干扰性、神经毒性等特性,特别是具有"三致"效应的污染物;② 国内外有毒有害污染物名录或优先控制污染物名录中规定的污染物;③ 具有监测可行性,且环境中检出率和检出浓度较高的污染物。依据以上原则,并结合调查监测中检出率大于 10% 的筛选条件,确定参与评估的目标污染物。在采用本次实际调查监测结果开展健康风险评估时,共筛选出66 种目标污染物,详见表 5.4.4-1。

表 5.4.4-1　本次调查中筛选出的风险评估目标污染物

序号	目标污染物类别	目标污染物名称
1	重金属	钛
2		铜
3		钡
4		硼
5		钒
6		钼
7		镍
8		锑
9		钴
10		锰
11		砷
12		铁

续表

序号	目标污染物类别	目标污染物名称
13	重金属	
14		锌
15		硒
16		铅
17		铍
18	多环芳烃	蒽
19		二氢苊
20		菲
21		荧蒽
22		苯并[a]蒽
23		䓛
24		苯并[k]荧蒽
25		苯并[a]芘
26	硝基苯类	对-硝基氯苯
27		邻-硝基氯苯
28		2,6-二硝基甲苯
29	半挥发性有机物	双(2-氯乙基)醚
30		1,3-二氯苯
31		1,4-二氯苯
32		1,2-二氯苯
33		2-硝基苯酚
34		2-硝基苯胺
35		邻苯二甲酸二乙酯
36		双(2-乙基己基)邻苯二甲酸酯
37	磺胺类抗生素	磺胺氯哒嗪
38		磺胺嘧啶
39		磺胺间二甲氧嘧啶
40		磺胺二甲嘧啶
41		磺胺甲恶唑
42		磺胺二甲异嘧啶
43		磺胺吡啶
44		磺胺氯吡嗪

续表

序号	目标污染物类别	目标污染物名称
45	喹诺酮类抗生素	氧氟沙星
46		恩诺沙星
47	大环内酯类抗生素	罗红霉素
48		克拉霉素
49		红霉素
50	林可霉素类抗生素	克林霉素
51		林可霉素
52	氯霉素类抗生素	甲砜霉素
53		氟苯尼考
54	农药及除草剂类内分泌干扰物	阿特拉津
55		2-OH 阿特拉津
56		避蚊胺
57		多效唑
58	农药及除草剂类内分泌干扰物	甲霜灵
59		克百威
60		可替宁
61		嘧菌酯
62		三环唑
63		烯酰吗啉
64		异丙甲草胺
65		乙唑醇
66		邻苯二甲酸

（3）剂量反应评估

剂量-反应评价是定量评价污染物暴露与人群健康效应之间的关系，获得环境健康风险评估所需的毒理学数据。对于有阈值化学物质，毒性参数包括呼吸吸入参考浓度（RfC）、经口摄入参考剂量（RfD_o）和皮肤接触参考剂量（RfD_d）。对于无阈值化学物质，致癌效应毒性参数包括呼吸吸入单位风险因子（IUR）、呼吸吸入致癌斜率因子（SF_i）、经口摄入致癌斜率因子（SF_o）和皮肤接触致癌斜率因子（SF_d）。

根据调查监测数据收集分析初步确定的目标污染物，并结合美国风险评估信息系统（RAIS）、文献、标准等收集毒性资料数据，最终确定 58 种目标污染物可以开展风险评估。目标污染物及其基本信息和毒性数据见下表 5.4.4-2～表 5.4.4-3。

表 5.4.4-2　目标污染物剂量-反应关系数据库

序号	化合物	英文名称	CAS 号	呼吸吸入单位风险因子	吸入性慢性参考浓度 (mg/m³)	吸入亚慢性参考浓度 (mg/m³)	口服参考剂量 (mg/kg·day)	口服亚慢性慢性参考剂量 (mg/kg·day)	经口斜率因子 [(mg/kg·day)⁻¹]
1	1,2-二氯苯	Dichlorobenzene, 1,2-	95-50-1		0.2	2	0.09	0.6	
2	1,3-二氯苯	Dichlorobenzene, 1,3-	541-73-1					0.02	
3	1,4-二氯苯	Dichlorobenzene, 1,4-	106-46-7	0.000 011	0.8	1.202 453 988	0.07	0.07	0.005 4
4	2,6-二硝基甲苯	Dinitrotoluene, 2,6-	606-20-2				0.000 3	0.004	1.5
5	2-硝基苯酚	Nitrophenol, 2-	88-75-5			0.000 5			
6	钡	Barium	7440-39-3		0.000 5	0.005	0.2	0.2	
7	苯并[a]芘	Benzo[a]pyrene	50-32-8	0.000 6	0.000 002				1
8	苯并[a]蒽	Benz[a]anthracene	56-55-3	0.000 06					0.1
9	苯并[k]荧蒽	Benzo[k]fluoranthene	207-08-9	0.000 006					0.01
10	二氢苊	Acenaphthene	83-32-9				0.06	0.2	
11	钒	Vanadium	7440-62-2				0.005 04	0.000 7	
12	镉(膳食)	Cadmium (Diet)	7440-43-9	0.001 8	0.000 01	0.000 9	0.000 1	0.000 5	
12	镉(饮水)	Cadmium (Water)	7440-43-9	0.001 8	0.000 01		0.000 1	0.000 5	
13	钴	Cobalt	7440-48-4	0.009	0.000 006	0.000 02	0.000 3	0.003	
14	锰(非膳食)	Manganese (Non-diet)	7439-96-5		0.000 05		0.024		
14	锰(膳食)	Manganese (Diet)	7439-96-5		0.000 05		0.14	0.14	
15	钼	Molybdenum	7439-98-7		0.002		0.005	0.06	

续表

序号	化合物	英文名称	CAS号	呼吸吸入单位风险因子	吸入性慢性参考浓度 (mg/m³)	吸入亚慢性参考浓度 (mg/m³)	口服参考剂量 (mg/kg·day)	口服亚慢性慢性参考剂量 (mg/kg·day)	经口斜率因子 [(mg/kg·day)⁻¹]
16	萘	Naphthalene	91-20-3	0.000 034	0.003		0.02	0.6	0.12
17	镍	Nickel	7440-02-0		9×10^{-5}		0.02		0.02
18	硼	Boron And Borates Only	7440-42-8	0.002 4	0.02	0.02	0.2	0.2	
19	铍	Beryllium and compounds	7440-41-7	0.000 012	0.000 02	0.000 001	0.002	0.005	
20	铅	Lead and Compounds	7439-92-1						0.008 5
21	䓛	Chrysene	218-01-9	0.000 000 6					0.001
22	砷	Arsenic, Inorganic	7440-38-2	0.004 3	0.000 015		0.000 3	0.005	1.5
23	锑	Antimony (metallic)	7440-36-0		0.000 3	0.001	0.000 4	0.000 4	
24	铁	Iron	7439-89-6				0.7	0.7	
25	铜	Copper	7440-50-8				0.04	0.01	
26	硒	Selenium	7782-49-2		0.02		0.005	0.005	
27	锌	Zinc	7440-66-6				0.3	0.3	
28	荧蒽	Fluoranthene	206-44-0				0.04	0.1	
29	阿特拉津	Atrazine	1912-24-9				0.003	0.003	0.23
30	克百威	Carbofuran	1563-66-2				0.005	0.005	
31	烯酰吗啉	Dimethomorph	110488-70-5				0.1		
32	甲霜灵	Metalaxyl	57837-19-1				0.06		

续表

序号	化合物	英文名称	CAS 号	呼吸吸入单位风险因子	吸入性慢性参考浓度 (mg/m^3)	吸入亚慢性参考浓度 (mg/m^3)	口服参考剂量 $(mg/kg \cdot day)$	口服亚慢性慢性参考剂量 $(mg/kg \cdot day)$	经口斜率因子 $[(mg/kg \cdot day)^{-1}]$
33	多效唑	Paclobutrazol	76738 - 62 - 0				0.013		
34	三环唑	Tricyclazole	41814 - 78 - 2				0.067		
35	汞	mercury	7439 - 97 - 6		0.000 3		0.000 16		
36	甲醛	formaldehyde	50 - 00 - 0	0.000 013	0.009 826	0.036 85	0.2	0.3	0.021
37	邻苯二甲酸二(2-乙基己基)酯	Bis (2 - ethylhexyl) phthalate	117 - 81 - 7				0.02	0.000 1	0.014
38	邻苯二甲酸二丁酯	dibutyl phthalate	84 - 74 - 2				0.1	1	
39	六价铬	chromium Ⅵ	18540 - 29 - 9		0.000 1		0.003	0.005	0.5

注：信息来源为美国风险评估信息系统（The Risk Assessment Information System，RAIS）。

表 5.4.4-3　抗生素类目标污染物剂量-反应关系数据库

序号	抗生素	英文名称	CAS 号	ADI(μg/d·kg)	来源
1	磺胺氯哒嗪	Sulfachloropyridazine	80-32-0	2.5	文献 1
2	磺胺嘧啶	Sulfadiazine	68-35-9	20	
3	磺胺间二甲氧嘧啶	Sulfadimethoxine	122-11-2	50	文献 2
4	磺胺甲恶唑	Sulfamethoxazole	723-46-6	2.5	文献 1
6	磺胺二甲异嘧啶	Sulfisomidine	515-64-0	50	文献 2
7	磺胺氯吡嗪	Sulfacloropyrazine	102-65-8	50	
8	氧氟沙星	Ofloxacin	82419-36-1	3.2	文献 3
9	磺胺吡啶	Sulfapyridine	144-83-2	50	文献 2
11	恩诺沙星	Enrofloxacin	93106-60-6	6.2	文献 3
12	罗红霉素	Roxithromycin	80214-83-1	13	
13	克拉霉素	Clarithromycin	81103-11-9	0.7	文献 2
15	红霉素	Erythromycin	114-07-8	0.35	文献 1
16	克林霉素	Clindamycin	18323-44-9	30	文献 3
17	林可霉素	Lincomycin	154-21-2	3	文献 1
18	甲砜霉素	Thiamphenicol	15318-45-3	5	文献 2
19	氟苯尼考	Florfenicol	73231-34-2	3	

注：文献 1：Meng T，Cheng W，Wan T，et al. Occurrence of antibiotics in rural drinking water and related human health risk assessment[J]. Environmental Technology，2019(2)：1-27.

文献 2：GB 31650—2019，食品安全国家标准食品中兽药最大残留限量[S].

文献 3：李辉，陈瑀，封梦娟，等. 南京市饮用水源地抗生素污染特征及风险评估[J]. 环境科学学报，2020，40(4)：9.

（4）暴露评估

① 暴露情景构建

本次调查选择了位于长江干流及太湖的集中式饮用水水源地，对应的饮水人口主要为沿江 8 市城区人口。人群虽不直接饮用水源水，但水源水的水质在很大程度上决定了家庭末梢水的水质，并且部分污染物可能既不在例行环境监测范围内，又暂无评价标准，可能也无法被水厂常规的处理工艺降解。因此，本研究采用健康风险评估的方式来了解水源水中特征污染物可能对人群健康产生的影响。

② 暴露途径

本研究假设人群直接接触水源水，考虑到人群使用主要包括饮用、洗漱洗澡等，本次评估主要考虑经消化道摄入和经皮肤接触 2 种暴露途径。

③ 暴露浓度确定

暴露浓度的确定主要包括现场监测、历史数据收集 2 种方式。现场监测数据主要为本次调查中获得的饮用水水源地污染物浓度数据。

④ 暴露量计算

单一污染物不同途径对应的人群暴露量的计算模型如下。

经口摄入饮用水途径污染物的日均暴露量（ADD_{oral_w}）计算公式如下：

$$ADD_{oral\_w} = \frac{C_w \times IR_w \times EF \times ED \times ABS_o}{BW \times AT}$$

式中：C_w——饮用水中污染物浓度，mg/L；

IR_w——每日摄入饮用水的量，$L \cdot d^{-1}$，推荐值见表 5.4.4-4；

EF——暴露频率，days/year；

ED——暴露持续时间，years；

BW——体重，kg，推荐值见表 5.4.4-4；

AT——平均暴露时间，d。

ABS_o——经口摄入吸收效率因子，无量纲；具体可查询美国能源部风险评估信息系统（RAIS）。

皮肤接触地表水/地下水途径污染物的日均暴露量（ADD_{dermal_w}）计算公式如下：

$$ADD_{dermal\_w} = \frac{C_w \times SAE \times K_p \times EF \times ED \times ET}{BW \times AT} \times 10^{-3}$$

式中：C_w——水中污染物浓度，mg/L；

K_p——皮肤渗透系数（cm/h）；具体可查询美国能源部风险评估信息系统；

ET——每日洗澡、游泳的时间，$h \cdot d^{-1}$，推荐值见表 5.4.4-4；

AT——平均暴露时间，d；

EF——暴露频率，days/year；

ED——暴露持续时间，years；

BW——体重，kg，推荐值见表 5.4.4-4；

SAE——暴露皮肤表面积，cm^2，推荐值见表 5.4.4-4。

⑤ 暴露参数

暴露参数包括身体特征参数、摄入量参数、时间-活动模式参数等。本评估中的暴露参数参照《化学污染物环境健康风险评估技术导则》附录中推荐的江苏地区儿童和成人暴露评估模型主要参数及推荐值,详见表5.4.4-4。

表5.4.4-4　暴露评估模型主要参数及推荐值(江苏省)

参数符号	参数名称	儿童/成人	单位	推荐值
BW	体重	儿童	kg	20.5
		成人		63.2
IR_w	每日饮用水摄入量	儿童	L/d	0.664
		成人		1.502
SAE	暴露皮肤表面积	儿童	cm^2	8 400
		成人		16 000
ET	每天皮肤接触水的时间	儿童	h/d	洗澡时间:0.167 游泳时间:0.065
		成人		洗澡时间:0.183 游泳时间:0.117

（5）风险表征

① 单一污染物的致癌风险

经口摄入饮水的致癌风险（R_{oral_w}）计算公式如下：

$$R_{oral\_w} = ADD_{oral\_w} \times SF_o$$

式中：ADD_{oral_w}——经口摄入饮用水途径污染物的日均暴露量，mg/(kg·d)；

SF_o——经口摄入致癌斜率因子，$(mg \cdot kg^{-1} \cdot d^{-1})^{-1}$。

皮肤接触地表水/地下水的致癌风险（R_{dermal_w}）计算公式如下：

$$R_{dermal\_w} = ADD_{dermal\_w} \times SF_d$$

式中：ADD_{dermal_w}——皮肤接触地表水/地下水途径污染物的日均暴露量，mg/(kg·d)；

SF_d——皮肤接触致癌斜率因子，$(mg \cdot kg^{-1} \cdot d^{-1})^{-1}$。

② 单一污染物的危害商

经口摄入饮水的危害商（HQ_{oral_w}）计算公式如下：

$$HQ_{oral\_w} = \frac{ADD_{oral\_w}}{RfD_o}$$

式中：ADD_{oral_w}——经口摄入饮用水途径污染物的日均暴露量，mg/
(kg·d)；

RfD_o——经口摄入参考剂量，mg/(kg·d)。

皮肤接触地表水/地下水的危害商（HQ_{dermal_w}）计算公式如下：

$$HQ_{dermal\_w} = \frac{ADD_{dermal\_w}}{RfD_d}$$

式中：ADD_{dermal_w}——皮肤接触地表水/地下水途径污染物的日均暴露量，
mg/(kg·d)；

RfD_d——皮肤接触参考剂量，mg/(kg·d)。

（6）风险评估结果分析

根据《化学污染物环境健康风险评估技术导则》，对于非致癌物，单一污染物的可接受危害商为1，危害商≤1，预期将不会造成显著损害，危害商>1，表示暴露剂量超过阈值，可能产生危害性。对于致癌物质，单一污染物的可接受致癌风险水平为 10^{-6}。致癌风险<10^{-6}，表示风险不明显；致癌风险在 10^{-6}～10^{-4} 之间，表示存在风险；致癌风险>10^{-4}，表示有显著风险。

根据暴露评估结果，由于人群经皮肤接触水源水暴露于污染物的暴露量远远低于经口暴露途径，且未查询到皮肤接触致癌斜率因子（SF_d）、皮肤接触参考剂量（RfD_d）等毒性参数，本次评估只考虑经口暴露途径产生的健康风险。

（7）不确定性分析

本次风险评估中的不确定性主要来自于暴露途径为假设的情况，即人群直接摄入水源水，直接暴露于水源水中的污染物。实际情况是人群饮用的是末梢水，甚至部分人群饮用的是经进一步净化处理的末梢水。由于生态环境监测部门并不掌握末梢水中各项污染物的监测数据，本研究中用水源水中的污染物浓度代替末梢水或人群直接饮用水中的污染物浓度，只是一个参考方案。因此，真实场景下，人群的健康风险可能会比目前假设暴露途径的风险值有不同程度的降低。

5.4.5 初步结果

环境健康风险评估结果显示，基于本次调查监测数据，假设人群直接经口摄入水源水(假设暴露途径),产生的健康风险总体不明显。基于污染物检出情况及环境健康风险水平,筛选出流域重点关注的特征污染物主要包括砷、镍、铅等。此外,抗生素、农药及除草剂类内分泌干扰物等新污染物也值得关注。

第六章
环境健康管理研究

6.1 研究技术路线

通过江苏省环境健康管理政策研究,建立江苏省环境健康监测、调查和风险评估制度,制定江苏省环境健康管理政策,推动江苏省环境健康管理工作深入开展,研究技术路线如图 6.1-1 所示。

环境健康管理研究系统梳理了环境健康管理的概念和内涵,包括环境健康的概念,以及环境健康调查、环境健康监测、环境健康风险评估的概念、内容、对象范围、实施主体、结果应用,及其与环境健康风险管理的关联。从法律法规政策和环境健康工作现状出发,分析开展环境健康管理的必要性和可行性。研究分析了生态环境部门和卫生健康部门在环境健康管理工作中的职责分工,提出生态环境健康管理需求,明确环境健康管理在生态环境管理中的功能定位。研究设计了环境健康管理与环境规划、标准管理、环境影响评价、排污许可、生态环境保护规划等现行管理制度之间的衔接机制,提出环境健康风险管理应具体开展的各项工作。在此基础上,提出江苏省环境健康管理工作政策建议,结合集成和应用课题的各项研究成果,基于识别出的重点管控区域、流域及其涉及的污染物,制定江苏省环境健康工作办法、江苏省环境健康监测网络体系建设规划、江苏省环境健康风险管理规划,全面支撑江苏省环境健康管理工作。

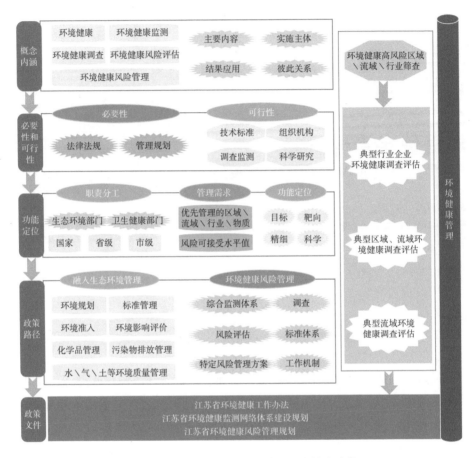

图 6.1-1　江苏省环境健康管理研究技术路线

6.2　环境健康管理的概念和内涵

6.2.1　环境健康管理的相关定义

（1）环境健康

WHO 将环境健康定义为:关注物理性、化学性和生物性等外在环境因素以及其他相关行为影响因素,通过评估和控制影响人体健康的潜在环境危险因素,达到"预防疾病、创造有益健康的环境"的目的。风险是指遭受破坏或损失的可能性,而环境健康风险是人群暴露于生物、化学和物理因子而引起有害效应的可能性。

（2）环境健康调查

《国家环境保护环境与健康工作办法（试行）》中对环境健康调查进行了定义,即生态环境部门为确认当前或历史上的环境污染是否导致公众健康损害而组织的调查活动,调查内容包括污染源调查、环境质量状况调查、暴露调查和健康状况调查。

（3）环境健康监测

《国家环境保护环境与健康工作办法（试行）》中定义环境健康风险监测为"动态掌握环境健康风险变化趋势,针对与健康密切相关的环境因素持续、系统开展的监测活动,监测内容包括环境健康风险源、环境污染因子暴露水平等"。

（4）环境健康风险评估

环境健康风险评估是基于生态环境管理需求,针对人群暴露于环境中生物、化学和物理因子对公众健康造成不良影响的可能性进行定性或定量的估计,以确定健康风险水平,从而为相应的风险管理决策提供科学依据。环境健康风险评估技术规范、毒理学/流行病学等基础数据资料,以及专家委员会等专业技术能力是风险评估的基础;环境健康风险评估的目的是确定生态环境污染导致的人群健康风险水平;环境健康风险评估的核心是评估结果在生态环境管理中的应用。

（5）环境健康风险管理

环境健康风险管理是通过减少污染物排放、阻断污染传播途径/路径、降低环境中污染物浓度、采取健康干预等措施,减少人群对污染物的暴露和缓解污染导致的健康效应,从而实现降低环境健康风险,达到保护公众健康的目的。环境健康风险管理的核心理念是"预防",主要的管理工具是实施风险管理。环境健康风险管理的目标是保护公众健康,即建设健康环境和预防疾病。保护的目标是公众,包括人群和个体,重点是人群。关注的影响因素主要是环境因素,包括物理性的、化学性的和生物性的,但不包括与环境无关的行为因素,以及社会、文化环境和遗传因素等,目前我国环境健康管理的重点是化学性的因素。

6.2.2 环境健康管理的内容

（1）环境健康调查、监测、风险评估和风险管理之间的关系

环境健康调查是针对特定的环境健康问题开展的调查工作,该调查工作往往受调查的问题而局限在一定的范围和特定主题内,通常由管理需求直接决定是否开展调查。在调查过程中除收集调查区域内人群基本信息、人群行为模式和膳食结构、已有历史监测数据、人群患病和死亡情况等信息外,当已有监测数据无法满足要求时,将开展实地采样监测,以获取足以支撑调查结论的数据;当简单的分析梳理无法确定该环境健康问题是否需要采取管控措施以降低健康影响时,则需要开展环境健康风险评估来确定风险是否可接受,从而明确是否需要对该环境健康问题采取管理措施。

环境健康监测是为了获取污染物的环境浓度或人群外暴露量,以及人体内污染物浓度变化和人群患病死亡情况而开展的监测工作,既可以因为环境健康调查需要而在某时段、某区域内针对某类人群进行的环境健康监测,也可以是生态环境部门和卫生健康部门为动态掌握人群健康状况而开展的长期或全范围的环境健康监测。

环境健康风险评估是确定相比之下哪些区域、流域、行业、污染物应受到重点关注,以及衡量其涉及的环境健康风险是否可接受的科学工具。不论是环境健康调查还是环境健康监测,当其无法明确是否需要采取风险管理措施时,都需要开展环境健康风险评估。与此同时,环境健康风险评估所需的数据绝大部分均来源于环境健康调查和环境健康监测,其作为一项技术手段不可能独立存在。

环境健康风险管理是保障公众健康的落脚点和抓手。环境健康调查、监测、风险评估的目的是发现问题,环境健康风险管理的目的是解决问题。通过环境健康调查、监测和风险评估,明确环境健康风险管理的优先序和管控目标,风险管理才能科学合理地有的放矢,高效配置管理资源,实现保障公众健康的效益最大化。而只有将风险管理措施落实到位,人群对污染物的暴露量才能降低,健康风险也才能随之降低。

（2）环境健康调查的启动条件、调查对象和内容、实施主体、结果应用

环境健康调查是针对特定环境健康问题开展的调查工作,一般有以下几种情况:① 生态环境管理部门或卫生健康部门日常管理中为掌握某地区的环境

健康状况开展调查;② 针对环境污染导致的公众健康热点问题开展调查;③ 针对公众举报投诉较多的热点地区开展人群健康状况调查;④ 科学技术研究中对某区域的人群健康状况开展调查,常见的有流行病学调查研究。环境健康调查的启动需满足下列条件:① 存在明确的环境污染事实,具有潜在的环境健康风险;② 污染物为有毒有害物质,能够造成健康损害;③ 环境影响范围内存在暴露人群,且存在潜在的暴露途径。

环境健康调查的对象和内容主要包括两个方面:① 对大气、水、土壤等环境介质中污染物浓度或人群不同暴露途径的污染物暴露量(包括暴露浓度、行为模式、膳食结构等)进行调查;② 对人体内污染物浓度和人群的患病情况进行调查。

环境健康调查最主要的目的是确定污染物暴露与人群健康损害之间的关系,调查的结果作为环境健康管理科学决策的依据。生态环境部门根据环境健康调查的结果,对环境污染导致健康影响较大的区域开展跟踪监测和环境健康风险评估工作,当风险评估不可接受时开展风险管理。卫生健康部门根据环境健康调查结果,针对环境污染导致的可预防和救治的疾病开展健康预防和救治活动,实施相关公众健康防护培训以引导公众实施自我防护。根据环境健康调查结果,政府部门针对环境健康问题严重、风险高、无法及时救治的人群开展必要的搬迁,或关闭、搬迁涉及的企业。

(3) 环境健康监测的对象和内容、实施主体,结果应用

环境健康监测包括环境污染因素监测(各类环境介质中污染物浓度监测、污染物排放量监测、人群暴露量监测等)、人体生物监测(敏感区域内人群生物样本中污染物浓度监测等)、健康结局监测(环境污染相关疾病的发病率及病死率等),是基于环境健康监测目标有选择地开展的监测工作。《"健康中国2030"规划纲要》要求"建立覆盖污染源监测、环境质量监测、人群暴露监测和健康效应监测的环境与健康综合监测网络及风险评估体系"。《健康中国行动(2019—2030)》中明确"加强与群众健康密切相关的饮用水、空气、土壤等环境健康影响监测"。二者的核心内容均以影响人体健康的环境危险因素作为监测的主要对象。根据 WHO 于 1999 年发表的《环境健康指标:框架和方法》,环境健康指标可分为三类:人口经济学因素、环境暴露因素和健康效应因素。理想情况下,环境健康综合监测体系应该包含以上三类指标,但现实中较难实现,尤其是在人口经济学因素监测方面,缺乏系统环境污染与健康效应关联性的系统

研究论证资料。

环境健康监测的对象主要为环境介质和人群,监测内容涉及环境介质中污染物的浓度、人群行为模式、人体生物样本中污染物浓度、人群患病和死因等内容。环境健康监测的具体监测对象和内容依据监测目的确定,例如,当监测的目的仅为掌握环境中污染物的赋存水平时,监测对象为相应的环境介质,监测内容即为相应环境介质中的污染物指标;当监测目的为获取某特定区域内人群对某种污染物的暴露水平时,监测对象为该区域内的人群、环境介质和膳食,监测内容为该区域内饮用水、空气、土壤、膳食中污染物的浓度以及人群的行为模式和生活习惯等;当监测是为某污染场地的健康风险评估提供数据支撑时,监测对象为该场地土壤和周边人群,监测内容为该场地土壤中污染物的浓度、周边人群生物样本中污染物的浓度等;当监测的目的是掌握某区域人群因环境污染导致的健康疾病和死亡情况时,监测对象为区域内所有医疗机构,监测内容为区域内人群患呼吸系统疾病、肺癌、心脑血管疾病的患病率以及环境污染相关的死因监测等。

环境健康监测的实施主体是生态环境部门和卫生健康部门,生态环境部门开展环境污染因素监测,卫生健康部门开展人体生物监测和健康结局监测。高校、科研院所等事业单位也会因科学研究需要开展部分监测工作,如流行病学研究、特定污染物的环境赋存水平等,但不成体系,难以在管理实践中直接落地应用。

环境健康监测主要用于三个方面:① 识别关键的环境健康风险因素,通过环境中污染物的检出率、超标率等监测信息,确定监测范围内应重点关注的污染物物质及相应的环境介质;② 精准识别影响公众健康的环境危险因素,通过流行病学研究、人体生物监测,客观掌握人群健康状况和判断损害公众健康的突出环境问题;③ 为环境健康风险评估提供数据支持,基于精细化、目的性监测的暴露评估数据,开展科学的环境健康风险评估工作,最终结果将支撑环境管理决策制定。

(4) 环境健康风险评估的对象和内容、实施主体,结果应用

在化学品管理、污染物排放许可、环境基准和标准制修订、化学物质生产行业准入、污染场地修复与管理、突发事件应急等生态环境管理中,应紧密围绕需要解决的具体环境问题确定评估对象和内容,从而制定相应的环境健康风险评估方案。环境健康风险评估可以是针对化学品的风险进行评估,也可以针对环

境中的污染物在某些区域的健康风险水平进行评估,还可以针对某一新建项目潜在的健康风险进行评估,或者是基于其他需求的评估。环境健康风险评估的对象可以是某种或某几种化学品、某种或某几种污染物等,评估范围可以是全国、省、市、县/区、化工园区、流域、行业、建设项目、污染场地、生态环境事件等,应结合具体的管理需求确定。环境健康风险评估包括定性评估和定量评估。定性评估一般通过构建指标体系和专家咨询的方式对区域、流域的环境健康风险进行定性筛查评估;定量评估主要采用国际通用的四步法(危害识别、危害表征、暴露评估、风险表征)对特定区域、流域、场地周边的环境健康风险进行量化表征。

环境健康风险评估的实施主体主要为政府部门,包括生态环境部门和卫生健康部门,评估的主要目的是确定风险是否可接受,从而为管理决策提供技术依据。与此同时,高校、科研院所等事业单位在开展相关科学研究过程中,也可开展环境健康风险评估,此类评估主要是优化改善评估技术方法,支撑相关技术标准制定。此外,企业为掌握其周边人群健康风险水平,或社会组织/团体等为了解某特定区域的环境健康风险,也可开展风险评估工作。

环境健康风险评估结果在生态环境管理中的应用是环境健康风险评估工作的核心。环境健康风险评估结果对生态环境管理决策的支撑作用主要体现在两个方面:① 生态环境管理目标的确定,包括环境健康高风险的化学品、污染物、区域、流域、行业等;② 基于环境健康风险可接受水平,结合现行生态环境管理制度,明确风险管控措施。通过环境健康风险评估确定人群因环境污染产生健康危害的潜在风险水平。结合生态环境管理的目标确定风险可接受水平,在此基础上筛选应重点管理的污染物种类、浓度限值、高风险人群、高风险区域/行业等,并制定相应的管理措施。

(5) 环境健康风险管理的对象和内容、实施主体

环境健康风险管理的对象是风险相对较高或风险不可接受的重点区域、流域、行业,以及位于高风险区域、高风险流域内的企业和管控区域内高风险行业涉及的企业。

从保障公众健康、实施风险管理的角度分析,环境健康管理的内容包括三个方面:① 控制风险来源,即对风险源进行管控,降低影响人体健康的物理性、化学性和生物性外在环境影响因素的释放,这是环境健康管理的根本措施,也是现行环境管理制度的重点;② 切断暴露途径,通过行为干预,减少人群对环

境污染物的暴露行为,降低人群对环境污染物的暴露水平,这在实践中存在较大的局限性;③ 对儿童、老人、孕妇等敏感人群采取特殊的保护措施。环境健康风险管理的主线,是如何从化学物质自源-介质-人体的整个路径中,有效地减少人群对有毒有害污染物的暴露,降低人群环境健康风险。从保护公众健康角度看,我国现行的生态环境管理措施都属于控制风险来源的范畴,在某种程度上都起到了降低环境健康风险的作用。引导公众在空气污染严重时合理佩戴口罩、对生活饮用水进行过滤处理、选用无甲醛家具产品等都是有效的切断暴露途径的方式。

环境健康风险管理的实施主体主要为生态环境部门,通过大气污染防治、水污染防治、土壤污染防治、化学品管理、突发环境事件应急管理、危险废物管理,减少水体、大气、土壤环境中污染物的浓度,降低人群对污染物的暴露量,从而实现风险管理。卫生健康部门也在环境健康风险管理中起到了重要作用,其在公众健康防护方面开展的工作有效地降低了公众的健康风险。此外,环境健康管理的实施主体还可以是企业或行业协会等社会团体,其可以通过制定技术标准、操作规范等减少企业或行业污染物排放。

6.3 环境健康管理的必要性和可行性

开展环境健康管理是科学应对新时期环境污染问题和当前生态环境管理形势的必然选择。环境污染问题和人体健康密切相关,公众对由环境污染引发的人体健康问题的关注度日益高涨。习近平总书记先后多次作出重要指示,强调要"把人民健康放在优先发展的战略地位""环境保护和治理要以解决损害群众健康突出环境问题为重点""将健康融入所有政策""建立健全环境与健康监测、调查、风险评估制度"等。大力加强生态环境与健康工作,有效防控影响群众健康的生态环境危险因素,是社会主要矛盾变化对提升生态环境管理能力和水平提出的新要求。环境污染对健康影响具有暴露水平低、潜伏期长、影响因素多、因果关系确定难等特点,与此同时,环境与健康问题的影响因素众多,从环境与健康发展历史看,具有清晰因果关系的案例在现实中少之又少,多数情况下无法理清环境污染与健康效应的关系。因此,对潜在的环境污染进行主动管控,提前规避其可能造成的健康损害,是科学管控环境健康风险的必要举措。

推进环境健康管理是落实相关法律法规环境健康相关规定的重要举措。

国家出台的多部法律法规政策均对环境健康相关内容提出了明确要求。《环境保护法》第三十九条明确提出"国家建立、健全环境与健康监测、调查和风险评估制度""采取措施预防和控制与环境污染有关的疾病"等要求。随后发布实施的《大气污染防治法》《水污染防治法》《土壤污染防治法》等法律均明确了保障公众健康的立法目的,同时规定环境质量标准的制定应以保障公众健康和生态环境为宗旨,根据污染物对公众健康和环境的危害和影响制定污染物名录和风险管控标准。《"健康中国 2030"规划纲要》要求逐步建立、健全环境与健康监测、调查和风险评估制度,建立覆盖污染源监测、环境质量监测、人群暴露监测和健康效应监测的环境与健康综合监测网络及风险评估体系。2017 年,生态环境部印发《国家环境保护"十三五"环境与健康工作规划》,将环境与健康制度建设作为健康中国建设重点任务之一。2018 年印发的《国家环境保护环境与健康工作办法(试行)》要求建立健全以防范公众健康风险为核心的环境与健康监测、调查和风险评估制度和技术体系,各级环境保护主管部门可根据相关技术规范,开展环境与健康监测工作,并应推动环境健康风险监测纳入环境保护规划。《"十四五"环境健康工作规划》从强化环境健康风险监测评估、提升居民环境健康素养、探索环境健康管理对策、增强技术支撑和人才队伍建设方面对环境健康管理提出了相应的要求。

我国多年来持续开展环境健康工作,取得的工作成果为开展环境健康管理提供了有力保障。"十一五"以来,生态环境部组织实施环境与健康调查、监测等,掌握了重点地区、重点流域和重点行业环境污染对人群健康影响的基本情况,推动将调查发现的高环境健康风险行业和有毒有害污染物纳入重点管控范围。2018 年起,陆续在上海、连云港等 6 个城市开展国家生态环境与健康管理试点,研究起草《区域环境健康风险识别技术指南》,筛选重点行业企业和污染物;发布环境空气质量健康指数地方标准,实现指数日报、实时报;在环评报告中设置健康风险评估专章,督促企业落实风险防控措施;助力地方打造"健康环境+产业"发展模式,推动生态价值转换和价值实现。目前,生态环境健康标准纳入国家生态环境标准体系,已发布现场调查、暴露评估和风险评估等 14 项标准规范,初步建立了环境健康技术标准体系。2018 年组织完成首次居民环境与健康素养调查,2019 年将"居民生态环境与健康素养水平"纳入健康中国行动目标,2020 年修订发布《中国公民生态环境与健康素养》,组织各地开展素养提升工作,初步形成公众参与良好氛围。

6.4 环境健康管理的功能定位

6.4.1 生态环境和卫生健康部门的职责分工

结合生态环境部和卫生健康委的部门职责,生态环境部负责大气、水、海洋、土壤、噪声、光、恶臭、固体废物、化学品等环境污染防治的监督管理,工作重点是对影响公众健康的污染物或物质进行源头管控、过程控制和末端治理,其管理的对象是环境以及产生排放污染物的企业;卫生健康委负责制定并组织落实严重危害人民健康公共卫生问题的干预措施,负责职责范围内的环境卫生、公共场所卫生、饮用水卫生等公共卫生的监督管理,工作重点是从公众健康出发,围绕高风险人群开展健康教育、健康促进、疾病预防和医疗救治等,其管理的对象是人群。

基于上述这一基本判断,环境健康管理中生态环境部门的职责是对环境危害因素(如化学物质、污染物、危险废物等)从源释放进入环境介质(大气、水、土壤、危险废物等)最终接触人体(经呼吸、经口、经皮肤等)产生有害效应的整个链条进行调查、监测和风险评估,并依据评估结果制定生态环境管理策略和措施,如制定有毒有害污染物名录、制修订环境质量标准和污染物排放标准、实施污染场地修复等污染治理行动,以及其他风险管理工作。卫生健康部门的职责是,以人群为对象,对特定人群经不同途径、不同介质暴露于环境危害因素的状况进行调查和监测,并评估人群暴露后发生有害效应的可能性,依据评估结果制定人群健康防护或干预措施,如对高血铅儿童实施驱铅治疗、脱离污染源等;另外,卫生健康部门在职责范围内开展的饮用水和公共场所等环境健康调查、监测和风险评估,其职责与生态环境部门类似。

1. 国家生态环境部门的职责

根据《国家环境保护环境与健康工作办法(试行)》规定,国家生态环境部门的职责是"环境保护部负责指导、规范和协调环境与健康工作的开展",具体包括:"建立健全以防范公众健康风险为核心的环境与健康监测、调查和风险评估制度,拟定环境与健康政策、规划,起草法律法规草案,制修订相关基准和标准,实施环境健康风险防控""建立环境健康风险监测与评估技术体系,指导和协调重点区域、流域、行业环境与健康调查""引导环境与健康科学研究及创新,推动国际合作""实施公民环境与健康素养提升、环境健康风险交流和科普宣传工作""指导地方环境保护主管部门开展环境与健康工作"。因此,国家生态环境部门主要从顶层开展制度设计,统筹规划全国环境健康管理工作,并针对全国性和普遍性的问题开展相关工作,具体包括:

(1)制修订环境健康管理相关法律法规政策,包括:在环境保护相关法律法规制定中纳入环境健康管理相关内容,修订环境健康工作办法,制定环境健康工作规划,以及其他相关政策制修订工作;

(2)强化环境健康技术支撑,包括:完善环境健康技术标准体系;制定重点管控污染物环境健康基准;构建环境健康综合监测体系;开发构建环境健康风险评估数据库和模型;组织开展全国环境健康调查、监测和风险评估,识别环境健康高风险区域、流域、行业和污染物,为明确水、气、土等生态环境管理重点提供依据;

(3)建立环境健康管理机制,包括:建立环境健康管理跨部门协调机制,组建国家环境健康专家委员会;

(4)提升环境健康技术能力,包括:设立国家生态环境健康实验室,组织开展环境健康技术培训,支持设立环境健康相关科学技术研究项目,开展环境健康风险交流和科普宣传;

(5)规范和指导地方环境健康管理,包括:制定环境健康管理要求,如基于环境健康基准和环境健康高风险行业识别结果制修订排放标准、明确高风险行业环境健康特别排放限值要求、指导地方跨区域环境健康管理;指导地方开展高风险区域、流域、行业环境健康风险管理;指导地方开展环境健康管理试点。

2. 省级生态环境部门的职责

基于《国家环境保护环境与健康工作办法(试行)》对省级生态环境部门的职责定位,结合环境健康管理需求和地方技术能力,省级生态环境部门在环境健康管理中的核心职责包括:

(1)落实国家环境健康管理要求,结合全省行业企业及其化学品生产使用和污染物排放,制定省级环境健康管理法规政策,包括管理办法、工作规划等,推动环境健康工作纳入地区国民经济和社会发展规划及环境保护规划;

(2)建立环境健康调查机制,明确环境健康调查的启动条件、启动时间、实现的目的等内容,不定期针对环境健康热点问题、敏感区域和人群开展环境健康调查;

(3)建立环境健康综合监测体系,制定环境健康综合监测规划和实施方

案,动态跟踪掌握全省环境健康问题及其变化趋势;

(4)定期开展全省环境健康风险评估,识别环境健康高风险区域、流域和行业;

(5)针对高风险区域、流域和行业内的企业提出相应的风险管理要求,例如,在"三线一单"中限制高风险区域、流域新建、扩建排放重点管控污染物的项目;制定园区管理相关政策,引导环境健康高风险区域、流域内的园区加严高污染项目准入;制定资金支持和政策激励机制,鼓励重点管控污染物的源头减量和替代;制定高风险行业的地方排放标准;设定高风险区域、流域的排污许可特别排放限值;以及其他必要的环境健康管理要求。

(6)提升全省环境健康管理能力,制定必要的环境健康调查、监测、风险评估地方标准,定期组织开展相关业务培训,设立科研专项支持环境健康领域技术研发,组建专家委员会为全省环境健康管理提供技术支持,开展科普宣传提升公众环境健康素养。

3. 市级生态环境部门的职责

市级生态环境部门的职责是落实国家和省级环境健康管理要求,负责各项环境健康管理措施落地实施到位。主动发现并及时向省级生态环境部门报送辖区内突出环境健康问题,基于省级环境健康管理专家提供的技术支持,积极采取风险管理措施以降低公众的环境健康风险,避免环境污染事件持续过度发酵。依据全省环境健康监测实施方案,开展辖区内环境健康监测。贯彻执行省级"三线一单"和园区管理政策,组织企业和行业协会参与重点管控污染物的源头减量和替代。组织高风险行业宣贯地方排放标准,督促企业开展相应的污染治理,依据地方排放标准对企业排放的污染物实施监督性监测和执法。依据省级高风险区域、流域的特别排放限值要求,落实辖区内相关行业企业排污许可管理。配合省级部门完成环境健康调查和风险评估,积极参与环境健康业务培训。根据省级环境健康工作要求定期监测辖区内环境健康素养。

6.4.2 生态环境管理对环境健康管理的需求

总结国外环境健康调查、监测和风险评估的发展过程和实践经验,其主要用于支撑 3 类情形的管理决策:① 基于风险的管理优先次序设置,如重点环境健康问题的确定、优先管控有毒有害污染物的筛选、重点管控区域或人群的确定等;② 化学物质或污染物(新化学物质、现有化学物质、农药、食品、化学品)的风险管理,如新化学物质注册登记、环境健康基准的制定等;③ 特定情景的风险管理,如污染场地风险评估与管理、突发环境或公共卫生事件的应急管理等。

因此,环境健康管理必须为传统的生态环境管理提供:① 对哪些有毒有害污染物/物质进行管理,也就是从保护公众健康角度筛选出有毒有害污染物,即有毒有害污染物名录的制订;② 为保护人群健康,环境中有毒有害污染物/物质应该控制在何种水平,也就是人群暴露于何种水平的有毒有害污染物不会产生不可接受的健康风险,即有毒有害污染物环境健康基准的制订。

根据国外实践经验和部门职责分工,提出我国生态环境部门和卫生健康部门的管理需求应分别包括以下 6 个方面。

生态环境部门的管理需求:① 筛选确定应重点管理的有毒有害污染物或物质名录;② 制定有毒有害污染物或物质的环境健康基准和标准,如环境空气质量标准、建设用地土壤污染风险管控标准等;③ 评估新化学物质的健康风险并制定风险管理措施;④ 基于排放清单和环境监测评估有毒有害污染物或物质(包括现有化学物质)的健康风险,识别重点管控区域、流域、行业等,制定风险管理方案;⑤ 基于土壤污染风险评估实施建设用地、农用地风险管控;⑥ 基于健康风险评估支撑突发环境事件管理决策。

卫生健康部门的管理需求:① 比较环境危害因素的人群健康风险,如全球疾病负担研究,识别国家或区域应重点关注的环境健康问题;② 基于国家人体生物监测项目,筛选国家或地区应重点管控的污染物或化学品,为生态环境部门提供决策支持;③ 针对生态环境部门识别的高风险区域、流域等,开展基于人群的健康风险评估,识别确定高风险人群并开展健康教育、健康促进和疾病防治;④ 基于环境健康风险评估,制修订生活饮用水卫生标准;⑤ 开展生活饮用水、公共场所等健康风险评估,并实施监督管理;⑥ 基于健康风险评估支撑突发公共卫生事件管理决策。

6.4.3 环境健康管理在生态环境管理中的功能定位

生态环境管理中的环境健康管理需要解决的核心问题是管理目标的设定,包括两方面:① 为了保护公众健康,生态环境管理应该重点管理哪些环境要素和区域/流域/行业,重点管理哪些污染物或物质,才能利用有限的管理资源实现最大限度地保障公众健康的目的。② 不同环境要素中的污染物或化学物质应该管控到什么浓度水平(人体健康基准值、污染物削减目标、浓度限值、修复/

恢复目标值等)，这些污染物才不会对公众健康产生不利影响，将环境健康管理的重点管理对象和管理目标融入"三线一单"、环境准入、环境规划、环境标准、环境监测、环境影响评价、排污许可管理等生态环境管理制度。

6.5 环境健康风险管理的政策路径

6.5.1 政策路径

环境健康风险管理的实施路径见图 6.5.1-1。环境健康调查、监测和风险评估制度是生态环境部开展环境健康工作的主要抓手，也是实现环境健康工作

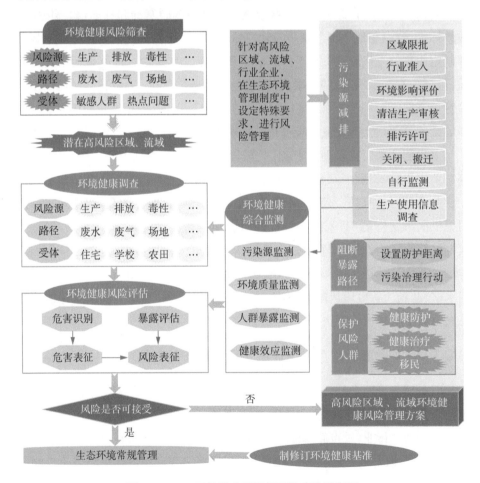

图 6.5.1-1 环境健康风险管理的实施路径图

目标引导作用的关键手段。有毒有害污染物/性质(物理性、化学性和生物性)的识别、评估和筛选是环境健康风险管理的核心,也是环境健康调查、监测、评估以及环境污染对公众健康影响研究的根本目的。识别潜在高风险区域/流域,针对潜在高风险区域或流域,开展调查、监测和风险评估,对于风险不可接受的,实施高风险区域风险管理。

6.5.2 开展环境健康综合监测

环境健康综合监测的对象应涵盖:① 排污单位自行监测,包括对常规污染物、有毒有害污染物、优先控制化学品的自行监测;② 环境质量监测,主要是对与人群健康密切相关的环境空气、集中式生活饮用水源地、农用地土壤中有毒有害污染物、有害物质或化学品的监测等;③ 人群暴露监测,包括人群外暴露和内暴露水平的监测;④ 健康效应监测,主要是卫生健康部门开展的死因监测、疾病监测、危害因素监测以及生物监测等;⑤ 其他监测,主要是食品安全监测。

建立环境健康综合监测体系,是在现有生态环境和卫生健康监测体系的基础上,纳入污染源在线监测、环境质量自动监测、环境因素(如气象、水文等)、污染物自行监测、人群健康效应监测、实时监测以及适用的影响评价模型,形成完整的综合监测系统。鼓励排污单位自行监测有毒有害污染物,政府环保主管部门定期监测环境质量。通过进一步补充增加监测指标、监测范围和监测频次等要求,将环境健康高风险污染物纳入生态环境日常监测体系。生态环境监测应重点关注和完善与公众健康密切相关的环境要素的监测,主要有环境空气、集中式生活饮用水水源地水质和分散式生活饮用水水质、农用地、建设用地和居住用地土壤。完善环境空气、集中式或分散式生活饮用水源地(地表水、地下水)、农田土壤、建设用地的环境质量监测体系,考虑人群分布和暴露路径优化生态环境监测方案。将有毒有害污染物纳入环境质量监测体系和排污单位自行监测体系,建立污染物自行监测报送体制机制,定期分析、发布监测数据,为排污许可管理和环境监察执法提供依据。

对于列入各种管控名录中的重点关注污染物,可列入排污单位自行监测和政府部门主导的环境质量监测要求,为污染物的排放许可管理和总量控制管理提供数据基础,也为有毒有害污染物或物质风险管理的监督考核提供依据。通过生态环境监测与环境标准制修订与实施的衔接,形成良性循环,不断提高生态环境监测在环境健康风险评估和预测预警的决策支持能力,减少环境中显著影响人群健康的有毒有害污染物的排放。

6.5.3 开展环境健康专项调查

开展环境健康调查是为了:① 确定污染物的危害程度及治理的优先顺序,为环境健康风险管理提供科学依据和主要决策对象;② 支撑环境污染对人体健康损害的风险评估,研究微观条件下环境污染物的致病机理以及污染物与人体健康的暴露反应关系。

从环境污染导致的健康效应指标和检测方法、调查技术规范、调查机制(主体、范围、频次等)等方面构建环境健康调查体系,不定期开展环境健康调查。通过定期(如每三年或者每五年)或不定期开展非目标污染物的定性筛选和目标污染物的定量检测,以及人群环境健康状况调查分析,为区域环境中有毒有害大气污染物、有毒有害水污染物以及土壤中有毒有害物质的筛选和管理提供环境浓度水平,筛选确定环境健康突出问题,明确环境健康管理的目标。此外,为掌握公众的环境健康风险水平,支持开展环境空气、集中式生活饮用水水源地、农用地土壤中有毒有害污染物的研究性、前瞻性和科研性的调查监测,通过非目标污染物的定性筛选和定量检测,以及相应的风险评估,确定开展环境健康管理的必要性。

6.5.4 开展环境健康风险评估

结合有毒有害物质或污染物的生产、使用和排放情况,开展有毒有害污染物的筛选性健康风险评估和排序。在现有条件的基础上,科学合理评估全国健康危险度水平,划分全国环境健康风险等级。每五年或每十年定期组织开展一次全国或全省范围的环境健康风险筛查,识别有较高环境健康风险的区域、流域和行业,界定其环境健康高风险的污染源及其污染物,绘制风险地图。

风险评估是实施风险管理的决策工具,管理需求直接决定了风险评估需要解决的科学问题、评估范围、评估层级以及具体的评估方法。管理需求不明确,将直接导致评估缺乏目的性、针对性、层次性,评估结果无法支撑管理决策。因此,在开展环境健康风险评估前,评估人员应与管理者和利益相关方充分沟通,明确评估所要支撑的管理需求或需要解决的环境或健康问题,避免"为了评估而评估"而与管理脱节、评估成果无法转化为政策的现象。针对风险地图中显示的高风险区域、流域开展环境健康调查和监测,并在此基础上开展环境健康风险评估,明确环境健康高风险区域、高风险流域、高风险行业、甚至高风险企业的实际风险水平,确定风险是否可接受。结合环境健康高风险区域、流域、行业、企业环境健康风险评估的结果,制定环境健康高风险区域、流域、行业、企业目录,为生态环境部门开展环境健康管理决策提供科学依据。

基于环境健康调查、监测和风险评估结果,对于可能造成严重健康损害的有毒有害污染物,制定筛选标准、名录制定原则和机制,并据此更新发布有毒有害大气污染物名录、有毒有害水污染物名录和重点控制的土壤有毒有害物质名录。环境健康管理应充分利用环境健康风险评估这一工具,将环境健康风险评估结论作为环境管理政策的决策依据,重点是基于环境健康风险评估推导环境健康基准。

6.5.5 完善环境健康标准体系

环境健康调查、监测和风险评估是一项技术性、专业性很强的跨领域多学科融合的工作,为了保证环境健康调查、监测和风险评估的科学性和严谨性,需要建立完善的调查、监测和风险评估技术方法标准体系,尤其是环境健康风险评估相关的技术规范,如有毒有害大气污染物筛选与排序技术规范、人体健康水质基准制定技术指南、人体健康土壤环境基准制定技术指南、人体健康环境空气基准制定技术指南等。标准体系的完善主要从以下方面开展工作:

(1)制修订环境健康基准,为环境质量标准和污染物排放标准制修订提供科学依据。环境健康基准是环境中污染物对公众不造成不良或有害影响的最大剂量(无作用剂量)或浓度。我国在标准制定过程中主要参照国外或者国际组织的基准,但由于存在人群特征、种族差异、地区背景值等因素的不同,这种简单的参考或者照搬容易导致相关标准不适用的问题。应针对列入有毒有害污染物名录等重点管控清单的物质,根据生态风险和人体健康风险水平的高低依次启动各种污染物基于人体健康风险的环境基准制定工作,弥补该领域的空白。制定出台有毒有害大气、水和土壤污染物环境健康基准推导方法,修订环境质量标准制修订技术规范,夯实重点管控污染物基准和标准制定工作的基础。

(2)建立完善环境健康高风险污染物的环境监测技术规范和监测方法体

系,制定监测规范和标准分析方法,包括监测主体、监测范围、点位确定方法、监测频次、监测结果报送机制等,为排污单位自行监测和政府部门主导的环境质量监测提供技术依据,提升生态环境监测对人群暴露水平的代表性、监测数据的可靠性以及暴露评估结果的准确性。

(3)规范环境健康风险筛查技术方法,建立环境健康高风险污染物的筛选指标体系,制定相应的技术规范。逐步建立健全环境健康风险评估技术标准体系。

6.5.6　环境健康风险管理方案

结合环境健康调查、监测和风险评估的结果,编制高风险区域、流域环境健康管理方案。对于列入有毒有害污染物名录的物质,及时组织制修订基于技术的排放标准、保护人体健康的环境基准(包括环境空气、水质、土壤等)以及有毒有害污染物的监测分析方法,及时将有毒有害污染物名录中的污染物纳入排污许可管理。组织制修订排污单位自行监测技术指南,将有毒有害污染物纳入排污单位自行监测范围,同时逐步将有毒有害污染物纳入常规环境质量监测。加强重点管控污染物的排放管理,逐步削减污染物的排放水平。定期(如标准发布实施五年后)开展有毒有害大气、水污染物行业排放标准实施后的残余风险评估,对于健康风险不可接受的,进一步提高标准限值,加强环境风险管理措施。

6.5.7　建立环境健康管理机制

建立生态环境部门环境健康管理决策委员会或部长/厅长专题会制度,对涉及环境健康的有毒有害污染物名录制定、环境质量标准制修订、污染物排放标准的制修订、环境监测方案的编制、重大环境管理政策的制定以及重大项目的环境影响评价等生态环境管理决策进行审查,提高环境健康工作在环境管理决策中的话语权。

成立环境健康管理专家委员会。环境健康风险评估是连接科学知识和管理决策的桥梁,是环境健康工作的核心。建议明确以生态环境部门为环境健康风险管理的统筹部门,组织成立国家和省级"环境健康管理专家委员会",全方位支撑环境健康管理工作。

6.6　环境健康融入生态环境管理

6.6.1　政策路径

生态环境部门实施环境健康风险管理应抓住"有毒有害物质筛选和环境健康基准、环境质量标准和污染物排放标准制订与实施"这条主线,以环境标准制修订为核心,加强新污染物全过程风险管理,强化有毒有害污染物排放企业环境准入、排放许可管理和监察执法,推动化学物质管理、环境影响评价、污染物排放管理、环境质量管理、环境监测管理以及环境规划制度的改变,将有毒有害化学物质和污染物的风险管理和污染防治有效衔接起来,减少人群对有毒有害污染物的暴露量。最终在环境监测标准、环境质量标准、环境影响评价标准、污染物排放标准等环境标准制修订过程中,将污染物健康风险控制在可接受水平为工作目标,真正落实《环境保护法》提出的"保护公众健康""预防为主"的目标和原则。推动现行的由经济成本或监测技术可行性等因素决定的事后管理"能管"思路转变为事前管理的"风险预防"理念,科学管控环境健康高风险污染物。环境健康管理融入生态环境管理的政策路径如图 6.6.1-1 所示。

6.6.2　环境规划

将环境健康风险管理工作目标和任务要求纳入国家和省级生态环境保护规划,具体内容包括:

(1) 开展环境健康调查、监测和风险评估工作,筛选并确定污染物的环境健康风险水平及治理的优先顺序,明确环境保护规划中应该优先考虑的环境健康管理目标指标,为科学制定下一阶段生态环境管理重点提供技术依据;

(2) 将环境健康相关健康指标纳入规划目标体系。优先纳入室外空气、室内空气、饮用水、食品等与人群环境暴露和健康风险直接且密切相关的环境质量指标和人群暴露指标,如集中式饮用水源地水质达标率(人口加权)、分散式饮用水源水质达标率(人口加权)、基本农田土壤环境质量达标比例(人口加权)、1~6 岁儿童血铅水平超过 100 $\mu g/L$ 的比例、孕龄妇女血汞浓度水平等。

(3) 针对已识别出的环境健康高风险区域、流域,设置针对性的环境保护管理要求,如在规划中明确某地区环境空气或某流域水环境中高风险物质的下降

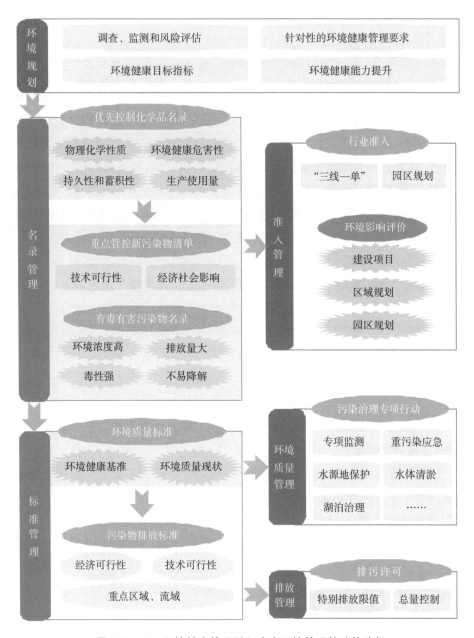

图 6.6.1-1　环境健康管理融入生态环境管理的政策路径

比例,要求在某些环境健康高风险区域开展污染治理专项行动,对经评估认定对人体健康有严重影响的污染场地采取污染防治措施且不得用于住宅开发和搬迁已有居民等;

(4)要求提升技术能力,包括鼓励开展科学研究和相关技术培训、创建重点实验室等;

(5)其他环境健康管理相关要求。

6.6.3 标准管理

基于重点管控污染物的环境健康基准,制修订环境质量标准。对于列入国家或区域有毒有害大气污染物、有毒有害水污染物、重点控制的土壤有毒有害物质以及其他污染物管控清单名录的物质,基于国内外已经制定的环境基准和环境质量标准,结合环境健康风险水平和当前的环境质量状况,制修订各种污染物基于健康基准的环境质量标准。针对产业集中度高、环境健康问题突出的地区,综合考虑环境健康风险管理和经济社会影响,制定特定区域的环境质量标准,指标选取时充分考虑和纳入对公众健康影响较大的污染物。

制修订环境健康高风险行业的排放标准时,基于环境健康调查、监测和风险评估结果,重点考虑环境健康高风险物质及其排放限值,制定科学合理的排放要求以保障公众健康。与此同时,督促和鼓励存在以下五类地区的省份制定相应的地方排放标准:① 严格实施现行国家污染物排放标准后,环境质量仍然不能达标的地区;② 国务院批准实施的生态环境保护规划、计划确定的重点地区;③ 产业集中度高、环境健康问题突出的地区;④ 地方特色产业或特有污染物造成特殊环境问题的地区;⑤ 国家标准不能满足当地环境管理要求,需要进一步细化要求的地区。地方排放标准的制定应结合省内环境健康问题与高风险行业及其涉及的污染物,加严或增设环境健康高风险污染物的排放限值,当省内的环境健康问题比较集中时,可针对这些集中区域设定特别排放限值。

6.6.4 环境准入

将环境健康管理融入环境准入要求。在"三线一单"编制中重点考虑环境健康高风险区域、流域和行业,制定合理的环境健康风险管控措施,考虑将特征污染物纳入环境准入负面清单。对有较高环境健康风险的重点区域、流域和行业的主要污染源和特征污染物,设定生态环境准入清单,严格限制在环境健康高风险区域、流域内新建和扩建大量排放重点管控污染物的项目,调整环境健康高风险行业的分布以降低风险,并结合风险可接受水平适时更新。基于环境健康风险约束性指标,分析产业的协调性,科学制定产业发展规划、区域规划、行业准入要求和污染物削减目标。

6.6.5　环境影响评价

通过建设项目环境影响评价中的环境健康风险评估结果,明确具体建设项目引起的潜在环境健康风险,基于环境健康风险可接受水平采取必要的风险控制措施(污染治理、工艺改进、人员搬迁、场址变更等),最终按照区域规划目标、行业准入要求和建设项目环境健康风险可接受水平开展建设项目审批。有必要制修订相应的法规政策,逐步将建设项目和规划的环境影响评价范围延伸至环境健康风险评价。将有毒有害污染物健康风险评价纳入建设项目环境影响评价和规划环境影响评价,修订《环境影响评价法》《建设项目环境保护管理条例》《规划环境影响评价条例》等环境影响评价相关法规政策,在其中进一步明确在环境影响评价中开展健康风险评价和环境健康管理的具体措施和要求。针对规划环境影响评价、建设项目环境影响评价和后评价的不同数据和技术需求,制订环境健康影响评价技术导则,包括:① 修订《建设项目环境影响评价技术导则 总纲》和《规划环境影响评价技术导则 总纲》,细化针对环境健康高风险行业、区域、流域开展环境健康影响评价的具体要求;② 基于中国环境科学学会牵头起草的《环境影响评价技术导则 人体健康》技术规范,尽快进行技术审查和修订发布;③ 鼓励地方和行业协会根据环境影响评价健康风险评价需求制定技术规范,为环境健康风险评价纳入环境影响评价提供规范指引。

规划环境影响评价的环境健康风险评价主要采用定性分析方法,通过识别规划实施产生的污染物与人体接触的途径、方式以及可能造成的人群健康影响,根据上述特定污染物的环境影响预测结果及其可能与人体接触的途径与方式,分析可能受影响的人群范围、数量和敏感人群所占的比例,从而为评价规划区域、流域内的产业布局等是否合理提供科学支撑。新建和改扩建项目环境影响评价中的健康风险评价主要开展重点管控污染物的健康风险评价,依据该污染物的模型预测排放量数据,结合暴露途径分析估算暴露量,从而评价建设项目周边公众暴露于有毒有害污染物的健康风险。建设项目环境影响后评估阶段,主要针对公众投诉较多、环境健康问题突出的工业企业和园区进行周边环境介质(大气、地表水、地下水、土壤)等环境质量进行监测,识别周边人群的暴露途径、时间行为模式,建立暴露评估模型估算暴露量,通过暴露评估和剂量-反应关系评估,定量表征周边人群暴露于有毒有害污染物的健康风险,并根据健康风险是否可接受,确定不同的风险管理计划。

通过建设项目环境影响评价中的环境健康风险评估结果,明确具体建设项目引起的潜在环境健康风险,基于环境健康风险可接受水平采取必要的风险控制措施(污染治理、工艺改进、人员搬迁、场址变更等),最终按照区域规划目标、行业准入要求和建设项目环境健康风险可接受水平开展建设项目审批。

6.6.6 排污许可管理

强化环境健康管理中环境影响评价和排污许可管理的衔接,尤其解决环境影响评价和排污许可管理中标准管理和风险管理的矛盾。对新建项目的排污许可,应以行业和区域污染物排放标准为底线,通过环境影响评价及其中的环境健康风险评价确定建设项目有毒有害污染物排放种类、浓度、总量、排放取向等管理要求,并作为排序许可管理要求的重要依据。强化排污许可的执行监督,针对环境健康风险已得到有效控制的区域、流域,及时调整排污许可内容,适当放宽污染物排放要求,以促进经济发展。及时根据生态环境管理政策和污染物排放要求对排污许可证进行更新。对有较高环境健康风险的重点区域、流域和行业的主要污染源和特征污染物,在排污许可中设定特别排放限值,并结合风险可接受水平适时更新。

污染物排放管理中,除关注排放限值外,还应基于实际的环境质量进行总量控制,以期改善环境质量。排污许可过程中,转变目前排污许可重点关注常规污染物的许可和执行的现状,充分考虑环境健康高风险物质的排放管理。与此同时,改变仅限制单个污染源排污口具体污染因子的排放浓度的做法,结合当地的环境功能区划、环境负荷、环境保护目标等因素,将污染物排放总量控制的思路贯穿其中,规避部分单位污染物排放浓度不高但排放量大的风险。结合企业自行监测和政府监督性监测的结果,在浓度许可、排放执行、总量控制等环节,进一步摸清辖区内环境健康高风险物质通过废水、废气、固废等途径排放到环境中的浓度及总量等情况。建立以人群健康风险控制为约束条件的环境容量估算方法,从而结合具体区域环境污染源的分布情况和生产情况,确定相关污染物的排放浓度限值。在此基础上,针对环境健康高风险区域、流域开展污染物减排,制定污染物削减计划,逐步减少环境健康高风险污染物的排放。

6.6.7 环境质量管理

环境中的污染物可能通过多种暴露途径导致人群暴露,具体包括:污染物排放到大气中后,通过吸入途径进入人体,或沉降到水环境和土壤环境中;进入水环境中的污染物通过饮用水摄入或皮肤接触途径进入人体,或经水生生物(鱼、虾等)富集后通过饮食摄入途径进入人体,或沉淀到土壤环境中;进入土壤环境中的污染物可能通过皮肤接触或经口摄入途径进入人体。因此,应在现有环境质量管理的基础上,对于污染严重的地区,由国家制定更为严格的区域环境质量标准,或由省级生态环境部门制定严于国家环境质量标准的污染物浓度限值,深入开展环境健康高风险区域的环境治理和修复工作。

为减少人群暴露,基于进入环境中的污染物导致的人体健康和生态环境风险水平现状制修订有毒有害大气污染物、有毒有害水污染物、重点控制的土壤有毒有害物质等,将环境健康高风险物质纳入管控并明确相应的管控水平。针对环境健康高风险区域、流域和行业开展重污染天气应急、行业减排、水源地保护、水体清淤、湖泊治理等污染防治专项行动,减少污染物的人群暴露,降低环境健康风险,实现保障公众健康的目的。

6.6.8 支撑新污染物治理

通过环境健康风险评估,在化学品生产使用前的审批登记阶段进行相应的风险管控,降低化学品生产使用对周边人群的健康影响。具体措施包括:① 针对新化学物质开展环境健康风险评估,根据评估结果,对新化学物质进行科学分类和登记许可;② 合理评估化学品生产和使用阶段的环境健康风险,结合化学品迁移转化特性、毒理特性、环境含量水平等因素,制定优先控制化学品名录,适时限制和禁止环境健康高风险化学品的生产和使用,鼓励替代产品的研发、生产和使用;③ 适时开展化学品生产和加工使用建设项目以及化工园区的环境健康影响后评估工作,确定相应的环境健康风险水平,为化学品管理、产业布局调整、清洁生产等管理决策提供依据。

结合新污染物治理,严格管控环境健康高风险物质的健康风险。在国家新污染物治理行动方案的基础上,从省级层面积极制定新污染物治理行动方案,推动落实新污染物治理工作。在国家风险筛查和风险评估确定的新污染物清单基础上,积极开展辖区内工业企业所生产使用化学品的环境健康调查和风险评估工作,确定辖区内环境健康高风险的化学品及其涉及的行业,将高风险化学品补充入清单,形成省级新污染物管控清单。针对省级新污染物清单涉及的行业企业开展清洁生产审核,减少新污染物的生产使用和排放。对有替代产品和技术的新污染物,通过生产使用企业关停和鼓励技术替代等方式,对其进行逐步淘汰。设立研究专项,支持新污染物替代相关的技术研发。

第七章
江苏省环境健康重点实验室建设

7.1 总体发展目标

以解决危害公众健康的突出环境问题为导向，以江苏省典型行业企业、区域和流域环境健康风险调查和评估为切入口，深入开展环境监测新方法新技术、环境健康综合监测调查、环境健康风险评估、生态健康与生物毒理、环境健康风险应急监测技术等方向的研究，努力打造一支高水平的环境健康领域人才队伍，形成我省环境健康人才培养和技术交流基地，为我省环境健康管理工作提供技术支撑和人才保障。

7.2 研究技术路线

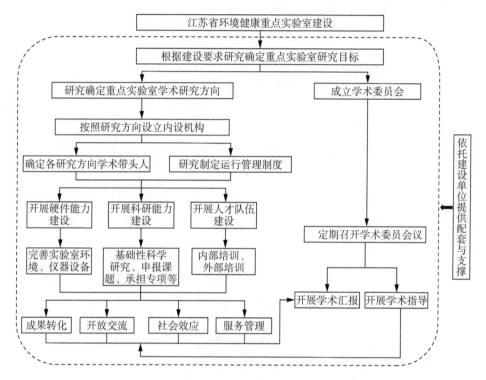

图 7.2.1-1 江苏省环境健康重点实验室建设技术路线

7.3 主要研究方向

7.3.1 健康风险因子识别及调查技术研究

以典型行业企业、区域、流域为研究对象,结合周边污染企业、污染源分布、人口分布、人群暴露途径和频次等资料信息,利用合理的采样技术和分析技术手段,开展饮用水、土壤、大气、农作物等环境介质中主要特征污染物的浓度水平、分布特征、因子组成等监测研究工作,深入探索和研究重点区域的环境污染特征、影响范围、人群暴露特征等因素,获取环境健康风险评估基础数据。

7.3.2　新污染物监测方法研究

结合国内外相关环境健康相关课题、文献、数据等资料,或跟踪国内外热点环境健康问题事件、新型环境有毒有害污染物,筛选与健康问题具有一定相关度的环境污染因子,覆盖水、土壤、大气、农作物等全方位环境介质,深入开展这些污染因子监测技术方法的前瞻性、储备性和应用性研究,为环境健康监测调查和风险评估工作提供技术补充和保障。

7.3.3　环境健康风险应急监测技术研究

以国内外各类型环境污染事故应急监测技术及响应体系为研究对象,结合社会公众对于环境污染事故中应急监测响应系统、跟踪监测等多方面的需求,以解决应急监测发展中遇到的分析测试共性问题为目的,通过分析化学、信息学、毒理学和检验仪器学等多学科交叉,围绕控制环境健康风险的战略目标,重点开展应急监测创新技术应用研究和应急监测体系优化研究工作,为产业可持续发展与应急监测工作提供理论依据和实践指南。

7.3.4　生态健康与生物毒理研究

以流域水生态系统健康与工业废水生物毒性为主要研究对象,在国内外已有工作基础上,结合江苏省情,研究评估以太湖流域为代表的水生态健康状况,初步提出典型工业排放废水的生物毒性监测方法,并探讨其对受纳地表水体水生生物健康的影响。

7.3.5　环境健康风险评估技术研究

以国外成熟的环境健康风险评价体系为基础,深入开展环境暴露与健康效应/疾病的关系研究、健康风险评价指标及模型研究、环境污染对人群潜在危害的预警研究,进一步解决评估模型筛选、暴露参数选择以及典型行业企业、区域、流域的风险评估技术方法和规范。开展高风险行业企业、区域、流域的环境健康风险评估示范,并在全省范围内推广实施。

7.4　主要建设任务

7.4.1　加强人才培养，建设科研人才队伍

重点实验室联合国内外高校、实验室，采取多种开放、合作的形式——或合作开展重大科研项目、或联合培养高级技术人才等，加强我省从事环境健康研究的科研人员，特别是中青年学术骨干的在职培养。通过高校深造、海外进修等不同形式的教育和培训，加快构筑高级人才基地，培养技术骨干和学术带头人，尤其是本研究领域的技术权威，建立动态的人才管理机制，在人才管理上推陈出新。

7.4.2　加大科研支撑，服务生态环境管理

围绕我国环境管理和综合决策中的重大环境健康问题开展前瞻性研究工作，积极申报各类重大专项或高级别科研项目，为政府宏观决策和环境综合整治提供科学决策依据。另一方面主动广泛征求环境管理部门意见，不断提升学术水平，增强科研实力，努力为管理提供新思路、新技术、新手段和新保障。

7.4.3　开放合作交流，创建共享研究平台

加强国内外开放、交流与合作，针对学科发展前沿和国民经济、社会发展的重大科技问题开展创新性研究，并注重培养人才。为提高实验室的科研创新水平，紧跟学科前沿，实验室学术委员会将聘请国内外享有知名度的专家，指导并参与重大科研课题研究。同时加强与国内外其他研究机构的交流与合作。重点实验室还将定期举办研讨会，将实验室的研究成果在全省范围内共享并推广，通过全省相关研究机构的互相切磋交流，提高我省环境健康研究能力水平。

7.4.4　推动科研创新，提升学术能力水平

重点实验室将在科研项目申报上，围绕实验室重点研究方向，面向江苏、辐射全国，积极与高等院校、科研院所联合申报，并合作承担环境健康重大课题研究，解决重大科技问题，为实现国家环境保护目标和可持续发展，为我省环境管理工作提供科学理论与技术支持；跟踪前沿科研动态和热点环境问题，积极

开展科研攻关、技术协作、技术发明、技能突破等一系列科技创新活动,通过参与修订国家标准、参加环境健康调查及风险评估、饮用水源地环境安全监测评估等课题研究,加大前瞻性监测技术研发,储备监测新技术能力,提升技术水平。

7.4.5　加强成果转化,促进重点实验室发展

实验室将以研究方向为着力点,根据研究规划和现有研究基础,积极申报国家、省级等各个层面的科研课题。根据研究方向设置开放基金和开放课题(即江苏省环境监测科研基金),面向全省监测系统、高等院校、科研院所等开放,通过开放交流和合作研究,形成重点实验室科研工作的良性循环,同时通过优势互补,进一步提升重点实验室的科研能力水平。重点实验室将通过管理制度鼓励实验人员积极发表科研论文,编写科研专著,申请专利,形成科研成果。

7.5　主要建设过程

实验室参照《江苏省环境保护重点实验室、工程技术中心管理办法(试行)》开展建设。

7.5.1　重点实验室组织机构设立

（1）成立首届学术委员会

为更好地确定和强化重点实验室建设思路、发展方向、中远期规划和规范管理,重点实验室成立了以相关领域的专家学者组成的学术委员会,学术委员会在决定实验室的发展方向方针、研究内容和方向、重大问题的评估上起决策作用,为实验室的运行管理等提供有力的监督和指导。

（2）设置内设机构

重点实验室实行主任负责制,主任全面负责实验室的工作,业务上接受实验室学术委员会指导。成立了江苏省环境健康重点实验室内设机构,分别为办公室、健康风险因子识别及调查技术研究室、新污染物监测方法研究室、环境健康风险应急监测技术研究室、生态健康与生物毒理研究室、环境健康风险评估技术研究室,并明确了各室人员和职责分工。详见图 7.5.1-1 江苏省生态环境保护环境与健康重点实验室组织架构。

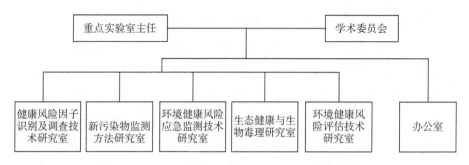

图 7.5.1-1　江苏省环境健康重点实验室组织架构

各内设机构的主要职责与主要任务是：

办公室主要负责重点实验室人才培养、经费使用、实验基地建设、国内外技术交流培训以及部分日常事务。

健康风险因子识别及调查技术研究室开展科研攻关，以典型行业企业、区域、流域为研究对象，结合周边污染企业、污染源分布、人口分布、人群暴露途径和频次等资料信息，利用合理的采样技术和分析技术手段，开展饮用水、土壤、大气、农作物等环境介质中主要特征污染物的浓度水平、分布特征、因子组成等监测研究工作，深入探索和研究重点区域的环境污染特征、影响范围、人群暴露特征等因素，获取环境健康风险评估基础数据。

新污染物监测方法研究室开展科研攻关，结合国内外相关环境健康相关课题、文献、数据等资料，或跟踪国内外热点环境健康问题事件、新型环境有毒有害污染物，筛选与健康问题具有一定相关度的环境污染因子，覆盖水、土壤、大气、农作物等全方位环境介质，深入开展这些污染因子监测技术方法的前瞻性、储备性和应用性研究，为环境健康监测调查和风险评估工作提供技术补充和保障。

环境健康风险应急监测技术研究室开展科研攻关，以国内外各类型环境污染事故应急监测技术及响应体系为研究对象，结合社会公众对于环境污染事故中应急监测响应系统、跟踪监测等多方面的需求，以解决应急监测发展中遇到的分析测试共性问题为目的，通过分析化学、信息学、毒理学和检验仪器学等多学科交叉，围绕控制环境健康风险的战略目标，重点开展应急监测创新技术应用研究和应急监测体系优化研究工作，为产业可持续发展与应急监测工作提供理论依据和实践指南。

生态健康与生物毒理研究室开展科研攻关，以流域水生态系统健康与工业废水生物毒性为主要研究对象,在国内外已有工作基础上,结合江苏省情,研究评估以太湖流域为代表的水生态健康状况,初步提出典型工业排放废水的生物毒性监测方法,并探讨其对受纳地表水体水生生物健康的影响。

环境健康风险评估技术研究室开展科研攻关,以国外成熟的环境健康风险评价体系为基础,深入开展环境暴露与健康效应/疾病的关系研究、健康风险评价指标及模型研究、环境污染对人群潜在危害的预警研究,进一步解决评估模型筛选、暴露参数选择不同典型行业企业、区域、流域的风险评估技术方法和规范。开展高风险行业企业、区域、流域的环境健康风险评估示范,并在全省推广实施。

7.5.2 团队建设

重点实验室将围绕5大研究方向,确定各研究团队主要技术骨干,做好环境健康人才规划和培养,培养技术骨干和学术带头人,尤其在环境健康综合监测、综合分析和健康风险评估等方面着力培养技术权威,搭建老、中、青人才梯队。重点实验室有目标地制定各类人才培养计划,对外积极寻找各研究领域不同级别专业培训课程,为科研人员提供自我提升和自我学习的机会。对内大力开展科研培训、以老带新等多层面、多样式的教育培训体系,激发科研人员学习积极性。

科研课题是重点实验室开展学术工作的支撑,建设期间积极参与环境健康领域各类级别课题申报,组织团队开展学术科研工作,开展饮用水源地环境健康风险评估研究、典型行业企业、区域、流域环境健康调查、环境介质中污染物靶向监测或非靶向快速筛查技术研究、工业废水综合毒性研究等。

7.5.3 开放交流

重点实验室以开放促交流、以共享促发展。重点实验室根据研究方向,依托省环境监测基金,设立开放课题,在研究领域增加了"环境健康"专项,立项课题有:空气环境质量状况与人群健康调查监测、流域典型区域农用地环境健康风险研究、典型城市环境空气优先控制影响健康污染物识别研究等。重点实验室牵头组织了多期江苏省生态环境监测管理培训班,通过开放合作,共享研究成果,促进环境健康研究在全省范围展开与推进。

重点实验室联合依托单位《环境监控与预警》期刊于2021年第5期出版了

"环境与健康研究"专刊,以期进一步扩大环境健康领域研究成果的影响力,扩大重点实验室学术知名度,通过研究成果分享和交流,加强重点实验室对外联系与科研合作,进一步推动重点实验室的有序运转。

7.5.4 硬件建设

利用重大专项调查、能力建设专项资金等机遇,重点实验室加大投入,强化实验室基础建设和能力建设,为重点实验室的建设提供了有力保障。建设期间重点实验室对高通量测序设备、便携式傅立叶变换红外气体分析仪、超高效液相色谱-四极杆飞行时间质谱等十多台套设备进行了仪器调研、招投标购置及安装调试工作,硬件投入资金共计 1 449.4 万元,目前这些设备均已完成安装调试,进入实验室工作状态。

7.5.5 运行管理

(1) 不断完善运行体制和机制,健全规章制度

为确保重点实验室有条不紊地运行,我们在重点实验室管理、实验室人员职责、实验室安全等方面均制定了相关规章制度,并落到实处,实现重点实验室的规范化管理。

(2) 有计划有步骤开展工作,落实建设任务

按照《江苏省生态环境保护环境健康重点实验室建设计划书》的要求,进一步细化分解各项建设任务,召开了重点实验室建设推进会,通过明确、分解、落实重点实验室建设期的任务和要求,进一步提高重点实验室建设质量和建设效率,促进重点实验室成果产出。目前重点实验室在建设期实行每半年汇报制度,各研究科室根据自身职能目标,在硬件建设、人才培养、科研创新、开放交流等方面每半年提供工作总结及工作进度情况说明。

(3) 召开学术委员会会议,推动学术研究工作

江苏省生态环境保护环境健康重点实验室(筹)连续 2 年召开了学术委员会会议。重点实验室介绍各年度实验室的建设情况,各研究科室相关人员汇报各阶段的学术研究进展。中国工程院魏复盛院士及学术委员会各位委员对重点实验室建设情况和学术研究情况进行了讨论和指导。重点实验室根据学术委员会意见及时调整优化各研究方向及研究内容,不断促进重点实验室科研工作良性运转。

7.6 与国内其他同方向实验室对比分析

根据调研,我国最早的关于环境健康研究方向的重点实验室是由原国家环保总局 2002 年批准建设的"国家环境保护环境与健康重点实验室",该重点实验室以华中科技大学、中国辐射防护研究院、中国疾病预防控制中心共 3 家为依托单位联合开展实验室运行与研究工作。2016 年,原环境保护部又批准建设了"国家环境保护环境污染健康风险评价重点实验室"和"国家环境保护环境感官应激与健康重点实验室"2 家环境健康相关重点实验室,这两家重点实验室的建设依托单位分别为生态环境部华南环境科学研究所、中国人民解放军第306 医院,均是由 1 家依托单位独立运行。2020 年,生态环境部批准建设"国家环境保护新型污染物环境健康影响评价重点实验室",该重点实验室依托上海市环境科学研究院、上海市疾病预防控制中心、上海交通大学 3 家单位联合开展运行。

从研究方向来看,由 1 家单位独立运行的重点实验室研究内容特色突出,如"国家环境保护环境污染健康风险评价重点实验室"注重开展环境污染健康风险评价理论方法和技术体系研究,更侧重于环境领域。"国家环境保护环境感官应激与健康重点实验室"则注重于环境污染感官应激健康风险评估及损害鉴定评估研究等,更侧重于健康领域。而由多家单位联合运行的重点实验室的研究内容则更为全面,从环境外暴露到生物体内暴露、生物体健康研究,通过发挥各家单位的科研能力优势,能够更加深入地将环境领域和健康领域的问题交融、整合。

本重点实验室目前是以江苏省环境监测中心为依托单位建设,经过三年建设实验室在典型流域、典型地区环境健康监测调查、生物体外暴露研究等方面具有大量工作基础和技术优势,但在生物体内暴露研究和健康评价的方向还存在明显不足。2021 年重点实验室积极尝试拓展研究领域,与省疾病预防控制中心加强合作开展了"常熟地区人群血液、尿液中全氟化合物监测"项目研究,通过生态环境和卫生健康部门的首次联合监测,全面获取了我省典型人群的全氟化合物外暴露和内暴露水平,为全省典型地区水体中全氟化合物健康风险研究及环境管控政策研究提供了更深入的技术支撑。

因此,从本重点实验室后续发展前景需求来看,建议进一步由江苏省环境监测中心与省疾病预防控制中心、医科大学等单位共同创建生态环境健康研究联合实验室,在本重点实验室学术研究基础上,通过生态环境与卫生健康部门的联合共建,实现信息共享共促,整合环境健康的监测资源。

表 7.6.1-1　生态环境部现有环境健康重点实验室情况

序号	实验室名称	级别	依托单位	状态	研究方向
1	国家环境保护新型污染物环境健康影响评价重点实验室	省部级	上海市环境科学研究院、上海市疾病预防控制中心、上海交通大学	2020 年批准建设	针对我国新型污染物环境健康管理需要,开展我国新型污染物的检测与识别技术、生物毒性与生态风险、人体暴露特征与健康效应、削减与预警技术和健康风险干预策略等研究,为新型污染物环境健康风险管理提供科技支撑。
2	国家环境保护环境污染健康风险评价重点实验室	省部级	生态环境部华南环境科学研究所	2019 年通过验收	针对重点区域(流域)、重点行业和重点污染物的环境健康风险,开展环境污染危害识别与暴露评估技术、环境污染物剂量-反应关系构建技术、环境健康风险评价技术研究,发展适合我国国情的环境污染健康风险评价理论方法和技术体系。
3	国家环境保护环境感官应激与健康重点实验室	省部级	中国人民解放军第 306 医院	2016 年批准建设	环境(空气、噪声、光辐射)污染暴露与感官应激损害效应研究,环境污染感官应激损害机制及防控、医学干预技术研究,环境污染感官应激健康风险评估及损害鉴定评估研究等。
4	国家环境保护环境与健康重点实验室	省部级	华中科技大学、中国辐射防护研究院、中国疾病预防控制中心	2007 年通过验收	重点探索环境影响人群健康机制,开展水污染、大气及室内空气污染的健康危害及其防治、公害病判定及其相关技术的研究,建立环境与健康监测网及数据库,为我国的环境管理提供科技支持。

第八章
江苏省环境健康信息系统建设

　　面对环境污染与健康问题,国家自 2011 年起组织开展了环境与健康调查监测与研究工作。根据生态环境部(原环保部)环境与健康工作的有关要求和部署,江苏省环境监测中心自 2011 年以来参与开展了淮河流域重点地区环境健康综合监测、全国重点地区环境健康专项调查等工作,前者选择淮安市盱眙县、金湖县,以及盐城市射阳县开展包含水环境、土壤、农作物等方面的环境健康综合监测,后者开展了南化公司周边等重点区域污染源调查、环境质量调查、暴露调查和健康状况调查,积累了一定的资料和相关数据。其中国家重点地区环境健康专项调查项目建设有环境健康数据中心、样品信息移动采集系统,实现调查数据的采集、审核、上报与下载等功能,数据处理与统计分析评价则利用JMP 统计学软件实现,未建设专门的数据管理与统计分析系统。淮河流域环境健康综合监测工作采用中国环境监测总站的数据上报系统报送数据,没有专门的统计分析应用软件。

　　由于前期江苏开展的环境健康相关调查监测数据都是分散管理,没有建设专门的系统平台实现对环境健康相关数据的集中管理和分析利用,因此本次建设了环境健康监测管理信息系统,集成全省污染源统计调查数据、环境质量监测数据、重点地区环境健康调查数据、人群疾病和死因监测数据、有毒有害污染物名录和优先控制化学品名录等资料数据,以及本课题研究形成的环境健康综合监测及风险评估数据等,建立环境健康综合监测数据库,实现数据的集成管理、动态更新、数据查询、统计分析、空间分析等功能,同时优选建立环境健康风险评估模型,实现环境健康风险评估,结合 GIS 等技术,实现对查询分析结果的应用展示,为环境健康风险管理提供数据平台支撑。

8.1 总体框架及功能设计

8.1.1 系统总体架构

系统集成框架在服务器端采用 REST 风格架构,具有轻量化、易于构建、无状态等优点,使系统更具响应性。系统集成框架在客户端采用互联网应用程序(RIA)的用户界面,具有用户友好性和交互性、跨平台兼容性,可提供灵活多样的界面控制元素,且这些控制元素可以很好地与数据模型相结合;网页一次加载后可多次使用,既降低了网络流量,又减轻了服务器的负担;客户端具有数据缓存功能,支持一定程度的离线操作。

系统集成框架将 WEB 系统的页面与代码相分离,把界面拆分成若干小的模块,降低了"牵一发而动全身"的风险。在部署的时候,也可以实现按需加载和更新,用户只有在需要这个模块的时候才会去下载,而不用长时间等待所有的模块加载完毕。

系统集成框架可实现平台各功能模块的拆分,使得开发和测试可独立进行,其他功能模块在不影响程序运行的情况下,可以动态加入环境健康变化监控系统平台,还可以与已有模块进行交互,满足环保业务应用的搭建需要。

系统集成框架可大幅度提高江苏省环境健康监测管理信息系统各功能模块的可复用性,尤其日志关联和权限管理可在环保其他相关系统中重复利用,减少代码的重复编写。

应用支撑层:应用支撑层主要提供报表组件、GIS 图形切片、通信技术框架、数据存储技术框架等整个系统建设的基础保障。

数据存储交换层:数据层为江苏省环境健康监测管理信息系统提供数据管理支撑,包括环境健康数据库、元数据、数据交换、数据融合等数据治理。

应用服务层:服务层是基于环境健康监测管理系统的整体服务能力,构建基于环境健康数据分析类服务,包括数据管理服务、数据查询服务、描述性统计

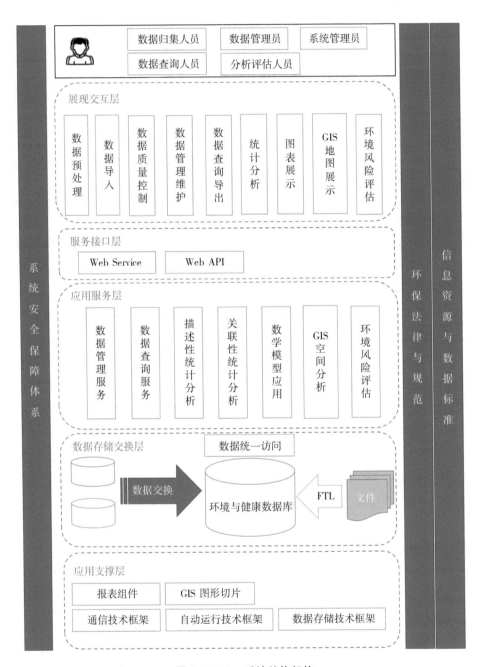

图 8.1.1-1　系统总体架构

分析、关联性统计分析、数学模型应用、GIS 空间分析、环境风险评估等。

服务接口层：提供 Web Service 和 Web API 服务接口，主要提供面向后端服务的统一 API 接入、API 访问权限控制、数据分发、数据查询等功能。

展现交互层：展现交互层是环境健康监测管理系统的应用平台，充分运用互联网、大数据等信息技术手段，实现数据的集成管理、动态更新、数据查询、统计分析、空间分析等功能。

8.1.2　系统功能设计

江苏省环境健康监测管理系统按照"面向用户端"及"面向后台管理端"的区别，分为两大平台模块。

（1）环境健康监测应用平台研究

基于大数据及 GIS 可视化技术，对全省环境健康的基本情况进行可视化展示，通过图表、地图、列表等可视化手段，对全省环境概况、健康概况进行分类展示，更直观地揭示环境与健康之间的关系。

设置多种查询检索方式如分类检索、关键词检索（模糊检索、精确查询）等，提供对各类监测调查点位信息、行业企业信息、监测调查数据的查询，各类查询结果以图表、GIS 图等方式展现。

对各类数据建立描述性统计分析功能，各类统计分析结果以统计图和统计表等方式展现。

根据课题研究制定的行业、区域、流域环境健康风险评估技术方法，优选建立环境健康风险评估模型，应用模型开展风险评估。同时结合克里格空间插值分析、回归分析等方法模拟区域的污染状况，评估该地区的环境健康风险。

根据污染源分布情况结合环境健康试点调查监测数据等明确污染源主要影响区域，根据污染源在时间和空间上的分布查看主要影响区域以及区域内人群健康状况，反映环境污染和人群健康之间的相关关系。

将课题成果通过大数据可视化进行展示，直观体现课题的研究成果。

（2）环境健康监测运维管理平台研究

运用数据存储和各类同步技术机制，为整个系统提供统一的后端管理平台，实现数据汇集、交换、基本信息维护、用户管理、权限管理、日志管理等运维管理工作。

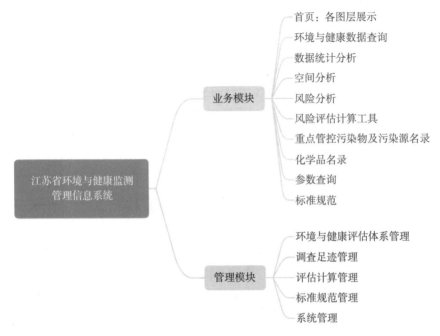

首页：各图层展示

环境与健康数据查询

数据统计分析

空间分析

风险分析

风险评估计算工具

重点管控污染物及污染源名录

化学品名录

参数查询

标准规范

业务模块

江苏省环境与健康监测
管理信息系统

管理模块

环境与健康评估体系管理

调查足迹管理

评估计算管理

标准规范管理

系统管理

图 8.1.2-1　系统功能设计总图

8.2　基础数据资源收集情况

8.2.1　数据库建设

纳入系统集成管理和利用的数据资源涵盖三个方面：一是环境健康监测数据，包括前期江苏根据国家要求开展的淮河流域环境健康综合监测数据、全国重点地区环境健康专项调查数据、本课题研究形成的重点区域流域和行业监测数据，统一建库，将数据按统一格式整理入库；二是开展环境健康相关分析所需要的数据，包括环境质量监测数据、污染源统计数据、人群健康调查数据，通过数据转换或接口等方式实现数据共享利用；三是环境健康相关的基础支撑和管理数据，包括有毒有害污染物名录、环境健康风险重点管控行业和单位名录、环境健康相关规范性文件等，通过资料收集和本课题研究成果汇集的方式整理入库。

8.2.1.1 数据内容

（1）污染源数据库

全省环境统计数据：包括工业企业污染排放及处理利用情况、火电企业污染排放及处理利用情况、水泥企业污染排放及处理利用情况、钢铁冶炼企业污染排放及处理利用情况、制浆及造纸企业污染排放及处理利用情况等。

国控污染源自动监控数据：包括基于自动监测的每日监测数据（含氮氧化物、二氧化硫、烟尘、化学需氧量、氨氮等指标）。

（2）环境质量数据库

饮用水水源地全指标分析数据：包括监测点基本信息、每年评价结果、相关统计结果等。

（3）人群健康数据库

江苏省13个设区市人群疾病和死因监测相关历史数据。

（4）环境健康调查监测专题数据库

重点地区环境健康调查数据，淮河流域环境健康综合监测数据，典型区域环境健康调查数据等。

（5）重点管控污染物及污染源名录库

江苏省有毒有害污染物名录及毒性数据库、优先控制化学品名录库，环境健康调查及风险评估体系建设研究课题研究形成的江苏省环境风险因子清单和环境健康风险重点管控行业、管控单位名录等。

（6）规范性文件库

收录环境健康相关管理标准、技术规范和政策法规，以及环境健康调查及风险评估体系建设研究课题形成的环境健康监测技术规范、环境健康风险评估技术指南、环境健康工作办法等。

8.2.1.2 数据归集

数据采集：数据采集的过程是完整实现 ETL 的过程，负责实时从相关系统中抽取数据，转换和处理成本系统所需要的格式。针对不同系统的数据格式，对数据进行转换加工。这些处理包括：转换规则定义，数据的拆包、汇集（数据被分成多个数据包传输）以及数据转换。

数据校验：根据数据交换标准对提供的数据进行校验，包括格式校验、数据内容校验等。

数据传输:包括业务数据和附件的接收与发送。

业务数据的接收与发送:传输符合信息交换规范的业务数据。

附件可以通过通用的、标准的方式传输,例如通过 http 或 msmq,在传输时能通过相应的 web service 控制传输行为。

8.2.1.3 数据预处理

由于环境健康相关数据较为分散,数据种类较多、格式多样,一方面通过开展数据清洗,提高数据质量,包括缺失值处理、未检出值处理、离群值处理等,确保数据的准确性、可用性;另一方面,优化数据存储结构,通过数据连接(横向连接、横向拆分、纵向堆叠)等方式,完成数据匹配,优化数据表结构,使数据更合理存储,更易于查询、管理、分析。

8.2.1.4 数据库建设

根据各类监测、调查数据来源途径等实际情况,设计建立环境质量、污染源、人群健康、污染物名录及各类调查监测数据库,提供数据导入、数据交换、服务接口等方式,广泛接入各类监测和调查数据,形成为后续统计分析所用的各类主题数据库。一方面对现有的各类数据集进行收集和整理,对相关的数据构成、存在形式、数据来源、应用方向等进行调查;另一方面了解现有同类型数据库的基本情况、运维管理等情况,对数据进行规范化处理与入库,形成数据类型较为全面、数据结构较为科学、数据运行管理可持续的数据库,保障数据的完整性、规范性、准确性,为平台持续稳定运行提供数据保障。

8.3 系统实现功能详述及讨论

8.3.1 环境健康监测应用平台功能建设

(1) 首页

首页可以展示污染企业、工业园区、人口分布等空间分布信息。其中污染源图层展示国控污染源及重点行业企业污染源分布情况;工业园区图层展示江苏省级工业园区及工业聚集区分布情况;人口分布图层展示江苏省人口分布情况；调查足迹图层展示近年在省内已开展的环境健康调查情况，以更直观地展示工作成效及足迹；重点关注区域图层是以课题研究结果为基础，标注省内区域风险较大、需重点关注的地域，为下一步环境健康调查监测工作提供方向。

（2）环境健康数据查询

设置多种查询检索方式如分类检索、关键词检索（模糊检索、精确查询）等，提供对各类监测调查点位信息、行业企业信息、监测调查数据、污染物及污染源名录等信息的查询，各类查询结果以图表、GIS 图等方式展现，并提供对系统中各类数据的导出、备份等功能，其内容、时间跨度、地区设置等可选且多样。

系统主要包含人群健康调查数据，污染源数据，重点行业企业调查等各类数据。人群健康调查数据包含近几年已获取的调查数据，包含对国内高发疾病的死亡人数及总人口的统计；污染源数据分为国控污染源数据及重点行业企业污染源，国控污染源统计了每日各企业污染物的排放量情况和浓度指数，重点行业企业污染源统计了近年来各企业的废水及各种化学因子的排放量；重点区域监测数据分为重点行业企业调查数据、重点工业园区调查数据、重点县区调查数据、重点流域调查数据、全省调查数据；各类数据包含了各调查点位对各种因子的监测数值。

（3）环境健康数据统计分析

对各类数据建立描述性统计分析功能，实现跨库统计，分析结果以统计图和统计表等方式展现。其中，污染源数据统计分析，以图表形式展现国控污染源排放情况，分析我省污染行业、污染企业的地区分布、污染排放情况、特征污染因子等信息，并对全省污染源超标企业进行统计；环境健康调查数据统计分析，展示重点区域监测数据，对重点区域监测数据进行最大值、最小值、检出率的分析。

（4）环境健康空间分析

应用 GIS 数据管理、可视化操作和空间分析功能，更直观地揭示环境健康之间的关系。实现采样布点、污染物浓度分布、人群健康状况分布等的地图化展示；运用空间统计分析方法探索健康环境等因子的关系，寻求疾病病因和生态环境因素的空间关联；通过地图专题图制作，揭示健康事件的空间分布形态等。

其中，污染源空间分布将环境统计数据、国控污染源在线监测数据进行地图展示，可根据污染源类别、行政区划进行查询并能够在地图中对查询的结果进行定位，点击该污染源显示相应的污染物排放情况，同时根据污染物的种类可查询出排放该污染物的污染源；人群健康空间分布分析了我省人群疾病高发类型、分布区域、分布特征等信息，结果按时间、地区展示了各类疾病死因的分布情况，并可根据疾病的种类查询人群分布情况；人群健康专题图展示了各疾病死亡人数及粗死亡率的全省分布情况；环境质量空间分布分析了区域、流域等环境质量状况及变化，分析环境污染因子的分布特征；风险因子空间分布可根据查询出的环境介质浓度，自动计算出暴露量、危害商、致癌风险，并在地图上展示监测点位及评估情况。对于单个监测点位，还可叠加污染源图层、人口分布图层、工业园区图层等，进一步直观展示风险点周边情况，并通过标记周围一定范围内的污染源排放企业，为进一步摸清风险来源提供技术支撑。

（5）环境健康风险分析

根据课题研究制定的区域、流域、行业环境健康风险评估技术方法，优选建立环境健康风险评估模型，应用模型开展风险评估。同时结合 GIS 运用距离加权、克里格空间插值分析、回归分析等方法模拟区域的污染状况，评估该地区的环境健康风险。

提供各地区风险指标数据的导出及查询，并以柱状图及地图形式对其分析。其中，指标得分图模块根据计算出的指标得分在地图上展示高风险、较高风险、中风险、较低风险、低风险、无风险等区域；指标数据模块展示了各年份下对各区县的指标统计数值，包含对数据的查询及导出导入；指标得分模块根据各指标标准计算出各区县的得分。

（6）环境健康风险评估计算工具

提供风险评估的手工计算工具，并支持在该页面查询各污染物的毒性参数推荐值。根据导入的污染物推荐值，自动在计算公式内填入参数，选择要计算的类型，输入要计算的参数，点击计算获得危害商等值，并可以对计算结果进行导出。

（7）重点管控污染物及污染源名录

展示重点管控行业和化学品生产使用单位名录，并提供有毒有害污染物生产使用情况及统计分析、空间分布。

（8）化学品名录

查询各化学品名录相关信息，包括优先控制化学品名录、危险化学品名录、剧毒化学品名录、易制爆危险化学品名录等。

图 8.3.1-1　风险评估计算工具

（9）参数查询

各污染物参数信息查询，包括推荐值参数、污染物毒性参数、污染物理化性质参数等。

（10）标准规范

提供环境健康相关标准规范文件的在线预览。

8.3.2　环境健康监测运维管理平台建设

提供系统的运维管理功能，包括对系统的基本信息进行维护、用户和权限管理、基本设置、日志管理等。

（1）基本信息维护

对系统基本信息的维护，包括代码表、数据字典等信息的增加、修改、删除等。

（2）用户和权限管理

构建合适的用户—角色—权限体系，对各级、各类用户进行分级、分类管理和角色权限分配，满足不同用户的业务需求，并有助于保障数据安全。

具备完善的授权管理机制，能满足复杂的权限控制需求，可以对用户、组织、角色等授权，可以通过权限继承与过滤和分级授权等机制方便地实现实际的授权需求。能够采用逐级授权方式，分为超级系统管理员和管理员进行分级管理。超级系统管理员能管理（包括添加、删除、配置、修改等）管理员，同时具有管理员的管理能力。管理员能对系统中各个业务功能域进行分域管理,同时根据业务需求进行业务角色定制,并给角色分配相应的资源及权限,并对用户的权限进行管理(包括添加、撤销、配置、修改等)。

(3)系统监控与日志管理

业务监控与流程管理实现对数据交换过程的监控和业务流程的管理。日志管理实现对系统运行日志和用户操作日志的查询和下载功能。

(4)调查足迹管理

针对业务端首页图层中的调查足迹信息进行维护。

(5)环境健康评估体系管理

针对业务端的环境健康风险分析模块提供支持,此处可建立评估体系,体系明细内可新增指标信息、指标标准(用于计算指标得分)、指标权重(用于计算指标总得分);若与往年指标评估体系类似,可直接使用复制功能,一键复制全部指标体系。

(6)评估计算管理

针对业务端环境健康风险评估计算工具中的计算公式,维护其中的公式参数及推荐值,以及各污染物对应的推荐值。

(7)标准规范管理

导入 word 文件或者 pdf 格式文件,如果是 word 文件则自动转为 pdf 格式,方便直接预览。

8.3.3 系统安全体系建设

整个系统的设计、开发过程综合考虑了系统的安全设计,符合《生态环境监控系统建设规范 安全体系》(DB32/T 2776—2015)等要求。采用了合理的安全防范措施,实现对数据和数据库用户的安全控制和管理,消除和减小系统模块与数据库面临的潜在安全威胁(如弱口令、SQL 注入、跨站脚本攻击)的影响。

系统从在线故障恢复、数据的保密及完整、外部非法侵入的防范、内部人员越级操作的防止、故障快速查找及排除能力等方面全面考虑,防止数据库的非法使用、随意扩散和遭受破坏。从身份鉴别、访问控制、信息加密、通信完整性、通信保密性、软件容错、资源控制等方面进行了建设。

对于用户管理,实行了分级的用户账号管理和权限管理;对于文件、表单的管理,保证文件的完整性和传输路径的准确性。对系统中存储的大量的数据,在数据加工处理、分发和使用过程中采取了严格的安全措施。制定了完备的数据备份策略,当数据遭受破坏时可实时恢复,确保数据安全。

此外,本系统的安全体系建设严格按照国家有关电子政务安全策略、法规、标准和管理要求并参照国家等级保护有关规定与要求进行,坚持适度安全、技术与管理并重、分级与多层保护和动态发展等原则,保证网络与信息安全和政府监管与服务的有效性。

本系统安全体系建设的目标是对重要的信息系统(第三级信息系统)建设一个由策略、防护、监测和恢复组成的完整安全体系,对于三级以下的信息系统建成基本的防护、监测体系,从而最大限度地保护信息不受诸多威胁的侵犯,确保连续性,将损失和风险降低到最低程度。

8.3.4 系统安装与部署

8.3.4.1 安装环境要求

1. 硬件要求

对硬件的主要要求如下:

(1) 数据库服务要求

CPU 类型:CPU 个数≥2,主频 2.0 GHz 以上。

内存:4GB 以上。

网络接口:10/100/1000 MB 自适应以太网卡和 HBA 卡。

操作系统:支持常用的程序语言,需要系统资源管理,负荷分担软件,支持 TCP/IP、SNMP 等网络标准。

(2) 应用服务器要求

CPU 类型:1 个 CPU,主频 2.6GHz 以上。

内存:4GB 以上。

磁盘容量:200 GB 以上。

网络接口:10/100/1000 MB 自适应以太网卡。

主要应用为:备份服务器、安全服务器、中间件服务器、数据查询服务器、WEB 服务器等。

2. 服务器操作系统

建议采用 Windows Server 2012 或 LINUX 操作系统,是成熟可靠的操作系统软件,可以满足业务系统的安全要求。

3. 服务器应用系统

服务器应用系统主要指的是 J2EE 应用服务器中间件,可以提供足够的性能以及稳定性,能够满足在大量用户并发使用业务系统时的性能和稳定性要求。

4. 服务器数据库系统

使用 ORACLE11 以上数据库,它支持 C2 级安全标准,在 C2 级的操作系统上(如商用 UNIX 操作系统),不仅满足 NCSC C2 级安全标准,而且已经正式通过了 NCSC C2 标准的测试。

5. 客户端系统

客户端操作系统可选用 WINDOWS 7 及微软高版本操作系统,还可选用其他可安装支持本系统运行浏览器的操作系统。浏览器需使用谷歌浏览器或者火狐浏览器。

8.3.4.2 生产环境硬件配置

系统生产环境硬件配置见表 8.3.4-1。

表 8.3.4-1 系统生产环境硬件配置一览表

终端类别	主要软件环境	配置说明		
		CPU	内存	硬盘
运行服务器	操作系统:Windows Server 2012 Data-center 软件运行环境:JDK1.8	8 核 CPU	8G	200 G
数据库服务器	操作系统:CentOS Linux release 7.5. 1804(core)	2 核 CPU	8 G	218 G

第九章
研究成果与展望

9.1 研究成果

9.1.1 筛选江苏省环境健康主要问题

（1）筛选出江苏省环境健康8个重点关注行业

根据 2015—2020 年环境统计数据,计算江苏省各行业废水、废气污染物排放量,选取各年排放量均较大的行业,并结合江苏省行业发展特征以及人群健康相关资料筛选出江苏省环境健康 8 个重点关注行业,分别为:纺织业,造纸与纸制品业,石油、煤炭及其他燃料加工业,化学原料和化学制品制造业,医药制造业,黑色金属冶炼和压延加工业,金属制品业,电力、热力生产和供应业。

表 9.1.1-1　江苏省环境健康八大重点关注行业

序号	行业大类	行业编码
1	纺织业	17
2	造纸和纸制品业	22
3	石油、煤炭及其他燃料加工业	25
4	化学原料和化学制品制造业	26

序号	行业大类	行业编码
5	医药制造业	27
6	黑色金属冶炼和压延加工业	31
7	金属制品业	33
8	电力、热力生产和供应业	44

（2）构建区县尺度的江苏省环境健康风险评估指标体系并绘制风险地图

项目构建了区县尺度的综合性江苏省环境健康风险评估指标体系,系统性地考虑了风险压力、风险脆弱、风险应对三个方面,遵循代表性、综合性、重要性筛选原则选取了污染源、环境质量、人群、社会、经济等多要素指标,实现多层次多角度评估。此外,基于评估体系,以区县尺度划分地域风险等级,运用 GIS 手段绘制 2015—2020 年环境健康风险地图,将地域风险进行可视化,反映时间及空间动态变化趋势,从而识别江苏省环境健康风险影响地域,为江苏省环境健康地域风险管理提供科学依据。

（3）筛选出江苏省 25 种环境健康风险因子清单

基于江苏省实际情况,从污染源和人群健康两方面角度入手,综合考虑污染源排放情况、疾病高发类型,并结合各大权威数据库如优控化学品名录、WHO 下属的国际癌症研究机构(IARC)确认的致癌物质清单、有毒有害大气(水)污染物名录等国内外权威数据库,考虑监测可行性,确定 5 项筛选原则,共筛选出两批共 25 种江苏省重点关注的环境健康风险因子清单,其中第一批 13 种,第二批 12 种,详见下表。

表 9.1.1-2 江苏省环境健康风险因子清单

序号	物质	批次	检出概率等级	人群致癌后果	人群致毒后果	风险值 R
1	总砷	第一批	5	5	5	15
2	苯	第一批	5	5	4	14
3	六价铬	第一批	4	5	5	14
4	二噁英	第一批	5	5	4	14
5	二氯甲烷	第一批	5	4	3	12
6	甲醛	第二批	2	5	5	12
7	总铬	第一批	4	5	3	12

续表

序号	物质	批次	检出概率等级	人群致癌后果	人群致毒后果	风险值 R
8	总镉	第二批	2	5	5	12
9	总镍	第一批	5	3	4	12
10	苯并[a]芘	第一批	3	5	4	12
11	萘	第一批	5	3	3	11
12	乙醛	第一批	5	3	3	11
13	乙苯	第一批	5	3	3	11
14	四氯乙烯	第一批	4	4	3	11
15	1,2-二氯丙烷	第二批	1	5	5	11
16	PFOS	第二批	4	3	3	10
17	二甲苯	第二批	5	2	3	10
18	甲苯	第二批	5	2	3	10
19	1,3-丁二烯	第二批	1	5	4	10
20	三氯乙烯	第二批	2	5	3	10
21	总钴	第一批	4	3	3	10
22	总铍	第二批	1	5	4	10
23	氡	第二批	1	5	4	10
24	三氯甲烷	第二批	5	1	3	9
25	五氯苯酚	第二批	1	5	3	9

9.1.2　发布《环境与健康监测技术规范》(DB 32/T4260—2022)

项目制定并发布了江苏省《环境与健康监测技术规范》(DB 32/T4260—2022)地方标准,是我国第一个环境健康监测技术规范地方标准。该标准适用于生态环境管理过程中,为预防和控制与损害公众健康密切相关的环境化学性因素而开展的环境健康监测活动。以空间一致性、指标匹配性、内容针对性为原则,结合常规性环境监测工作,充分考虑环境与健康问题的特点,加强与健康相关的特征污染物监测,反映空气、水、土壤、积尘、食物等多种环境介质对人体健康状况影响。为环境健康风险管理提供了有效科技支撑,为江苏省"十四五"期间环境健康监测工作的开展提供有力的技术指导。

9.1.3 发布《化学污染物环境健康风险评估技术导则》(DB32/T 4543—2023)

项目制定并发布了江苏省《化学污染物环境健康风险评估技术导则》(DB32/T 4543—2023)地方标准。该技术导则在系统分析了国内外污染物人体暴露评估模型的基础上,针对大气、土壤和膳食等暴露介质选择了最优的人体暴露评估模型,如针对土壤摄入途径选择了《建设用地土壤污染风险评估技术导则》(HJ 25.3),针对水体暴露途径《地下水污染健康风险评估工作指南(试行)》推荐的模型,具有较强的针对性。该技术导则充分结合江苏地区特性,规定了江苏省人群(成人和儿童)的具体暴露参数,评估结果具有较强的科学性。同时,在国家环境与健康管理试点地区连云港市开展示范应用,支撑服务连云港市生态环境局印发了《连云港市建设项目环境健康风险评估技术办法(试行)》(连环发〔2022〕26号),为落实连云港市政府《关于印发连云港市生态环境与健康管理试点工作方案的通知》(连政发〔2020〕21号),规范和指导连云港市建设项目环境健康风险评估工作,促进环境健康风险源头防控,起到了示范引领作用。

9.1.4 完成《江苏省典型行业、区域、流域环境健康监测调查报告》

在全面分析江苏省污染源分布、行业类型、环境污染状况、人群分布、人群健康等资料的基础上,选择典型行业企业开展环境健康综合监测及健康风险评估试点,评估典型行业企业周边地区环境污染状况、特征污染物人群暴露状况、人群健康风险及健康影响。编制了《江苏省典型行业环境健康监测调查报告》,为评价、预测、预警环境污染健康风险,研究制定环境风险管理对策和健康干预措施提供依据。

在前期基础资料分析基础上,选择典型区域,开展环境健康试点调查监测及风险评估。调查监测了工业区及周边居民区环境空气、积尘和土壤中的污染物浓度水平,评估了区域环境健康风险,筛选出了区域重点关注污染物,编制了《江苏省典型区域环境健康监测调查报告》,为完善现有环境健康综合监测技术和方法提供监测试点参考。

基于前期基础资料分析,在长江流域选择了16个集中式饮用水水源地作为调查对象开展环境健康试点调查监测及风险评估。研究筛选具有潜在人体健康风险的特征污染因子,开展水质监测调查,实施典型流域健康风险评估,编制了《江苏省典型流域环境健康监测调查报告》,为今后江苏省开展流域环境健康综合监测及风险评估业务化运行奠定基础。

9.1.5 编制完成《江苏省环境健康管理办法(试行)》

基于环境健康管理技术研究,编制形成了《江苏省环境健康管理办法(试行)》草案文件,是我国首例地方环境健康管理办法,明确了环境健康管理的目标、定位和职责分工,提出建立环境健康调查、监测和风险评估制度,建立了包括建立部门协调机制、专委会等内容的工作机制,提出了环境健康风险管理的工作重点及其具体任务。为江苏省进一步细化落实《中华人民共和国环境保护法》《国家环境保护环境与健康工作办法(试行)》《健康江苏"2030"规划纲要》等环境健康相关法律法规,推动江苏省印发环境健康管理办法,进一步推动生态环境管理决策科学化、精准化提供技术支撑。《江苏省环境健康管理办法(试行)》草案文件。

9.1.6 建成"江苏省环境健康重点实验室"

依托本项目,江苏省环境监测中心在我省首建"江苏省环境健康重点实验室",形成了健全的管理制度和组织机构,成立了由国内环境健康领域专家学者组成的学术委员会;拥有一支由 48 名固定成员组成的科研人才队伍,规模、层次和结构合理。已具备了环境监测新方法新技术研发、环境健康综合监测调查研究、环境健康风险评估研究、生物健康与生物毒理研究、环境健康风险应急监测技术研究共五大核心研究能力。其中围绕"新污染物"研究方向,针对新污染物监测标准缺乏、溯源困难、污染信息难以全面掌握等问题,开展了环境污染物非靶向筛查方法研究,建成了 6 大类 302 项新污染物监测方法。在生物毒理研究方面,基于毒理基因组学的高通量生物效应测试方法,识别差异表达基因和通路扰动,形成了定量评估水环境综合毒性能力。作为我省首个筹建的环境健康研究方向的实验室,重点实验室的建成在推动我省环境健康领域研究工作、管理成效、人才队伍培养等方面具有示范引领作用。

9.1.7 建成"江苏省环境健康监测管理信息系统"

本项目建成的"江苏省环境健康监测管理信息系统",打破了以往环境健康监测调查工作数据分散、格式不一、统计分析能力弱的现状,集成了全省污染源统计调查数据、环境质量监测数据、重点地区环境健康调查数据、人群疾病和死因监测数据、有毒有害污染物名录和优先控制化学品名录等多项资料数据,并利用本课题研究形成的环境健康综合监测及风险评估方法,实现了环境健康风险的自动化评估。同时,结合 GIS 等技术,实现了对环境健康监测调查分析结果的应用展示,为环境健康风险管理提供了数据平台支撑。

9.1.8 建立"江苏省环境健康监测数据库"

本项目建立的"江苏省环境健康监测数据库",对历史监测数据与本课题研究形成的监测数据分层级管理,打通了历次江苏省内环境健康监测调查的调查区域壁垒、调查时间壁垒、调查类型壁垒。一是构建了从重点行业企业调查数据、重点工业园区(集中区)调查数据、重点县(区)调查数据、重点流域调查数据、全省调查数据等从小到大的层次统一集成数据板块,为以后的环境健康监测调查留出数据集成模板与空间;二是将企业的特征污染物排放数据,大气、土壤、饮用水等环境介质中的特征污染物浓度监测数据,人群的健康数据,人口分布数据等通过数据清洗、数据连接等方法,完成数据匹配,优化存储结构,使数据更易于查询、管理和分析;三是建立了有效的数据更新与共享机制,为环境健康研究提供数据保障。

9.1.9 初步培养了一支江苏省环境健康人才队伍

通过本项目的实施,在开展项目研究、筹建"江苏省环境健康研究重点实验室"的过程中,加大人才培养力度,特别是中青年学术骨干的培养,不断提升团队成员科研攻关能力及业务能力水平,初步形成我省从事环境健康研究的科研团队,成立了环境健康重点实验室学术委员会。2019—2022 年,江苏省环境监测中心陆续培养全国先进工作者 1 名、江苏省五一劳动奖章获得者 1 名、江苏省五一创新能手 4 名、江苏省环境监测技术能手 4 名,生态环境部环境监测一流专家 1 名、"三五"人才 5 名。

9.1.10 促进了环境健康研究成果的交流与传播

通过本项目研究,取得了江苏省环境健康监测管理信息系统、大体积直接进样 LC-MS/MS 法测定水中 29 种抗生素的方法、农药环境健康风险评估数据平台等专利/软件著作权 5 项。在《Environmental Pollution》《Environmental Science & Technology》《Environmental Research》《中国环境监测》《生态与农村环境学报》《环境监控与预警》等国内外期刊发表论文 20 篇。2021 年,在《环境监控与预警》第 13 卷第 5 期,策划出版了"环境与健康研究"专刊,报道了环境健康研究领域的最新进展,促进了环境健康研究成果的交流与传播。

9.2 研究中发现及存在问题分析

9.2.1 环境健康技术支撑能力距离以保障公众健康为核心的环境管理需要还有较大差距

环境健康监测、调查和风险评估技术标准体系不完善。环境健康基础性研究薄弱。针对与人体健康密切相关的特征污染物,多缺乏成熟、灵敏、可靠的检测技术,测定环境介质、暴露介质及人体中的相关指标存在困难。环境健康调查多采用描述流行病学调查方法,由于分析流行病学研究较少,缺乏长期、固定的跟踪研究,底数不清成为制约量化环境污染归因危险度的瓶颈,在建立因果关系方面缺乏足够的、有说服力的数据。

环境健康工作专业人才队伍力量不足。地方各级环保部门缺乏专门的环境健康管理部门和专业管理队伍,导致地方部门无法有效落实环境健康有关要求,进而影响环境健康工作的顺利推进。

9.2.2 环境健康风险评估与管理和生态环境管理缺乏衔接融合

环境健康风险管理制度建设滞后。健康优先、将健康融入所有政策的执政理念在各项环境管理制度中尚未得到有效落实。以常规污染物为主的污染治理和达标排放环境管理模式不足以消除环境污染导致的人群健康风险,具有高环境健康风险的有毒有害污染物未完全纳入现有环境监管指标体系。

环境健康工作和其他环境保护工作缺乏有效衔接。环境健康风险评估尚未与环境影响评价、排污许可证制度、化学品管理、生态环境执法与督查及宣传教育等各项环境管理制度和政策有机结合。随着各试点环境健康风险管理工作逐步走向深入,环境健康高风险行业名录、环境健康风险监测方法、建设项目、规划、区域环境健康风险评估技术方法、以健康风险为约束的排污许可测算方法等一系列重点、难点问题也逐渐显现,需要在专业技术层面和政策制度层面开展深入研究,目前相关研究还处于起步阶段,不足以支撑相关工作的开展。

9.2.3 污染物非靶向筛查技术和方法的局限性明显,检测结果全面性和可比性还需要提高

目前非靶向筛查时只能选用一种普适性的前处理方法,可能导致非靶向检测的结果不一定完全反映样品中的真实污染物状况。不同性质的环境污染物其检测时的提取、净化等前处理方法是不同的,而非靶向筛查时只用一种前处理方法不能兼顾所有的污染物,所以针对未知目标污染物的样品,在前处理阶段,就有可能损失了部分污染物,导致检测结果有偏颇。

仪器分析条件的设置和质谱谱库的完整程度,可能导致某些污染物的检测结果可比性较差。非靶向分析设置的柱分离、离子对等色谱、质谱分析条件是尽可能针对大多数污染物,但不排除有污染物在此条件下灵敏度、分离度等不理想;各仪器厂家配套的质谱库仅局限于自家仪器设备使用,不具备通用性和可比性,导致不同人员、不同仪器分析的结果存在一定的差异性。

依靠非靶向筛查技术得出的检测结果,用于评判环境中的污染物赋存情况,还须要有辅以其他的技术手段。随着仪器灵敏度的提高,非靶向筛查往往会检测出数百上千种污染物,浓度水平各异,或因为缺乏标准样品而无法准确定量。这些检测污染物是环境本底,还是来自污染源,哪些值得重点关注,还需要其他调查监测手段的配合。

9.2.4 环境健康调查与评价依据缺乏,环境健康监测工作尚未建立长期有效机制

环境健康风险评估技术仍待完善。我国环境健康风险研究起步较晚,基础性研究较少,生态环境部门主要侧重于污染因子(外暴露)的监测调查,未关联污染物人体内暴露调查;现行的风险评估技术多基于单一介质和单项目标物,引用国外风险评价参数及模型,结论的不确定性较大,基于我省省情实际的健康风险可接受水平的相关研究与客观认定有待进一步加强。如农药生产行业企业风险评估由于缺少5种三唑类农药的吸入参考浓度(RfC),环境空气吸入途径的健康风险评估采用的为经口暴露途径的参考剂量(ADI),而通常人体

通过吸入暴露污染物的健康危害要大于经口摄入途径,评价结果存在较大的不确定性。

环境健康监测工作尚未建立长期有效机制,环境健康监测工作职责和事权不清,成果应用大多仅为研究层面。本次研究通过流域、区域环境健康调查监测及风险评估结果中筛选出的关注风险因子,与周边工业区及相关产业的关联分析还不够深入,有待进一步开展污染溯源分析研究,从而为调查流域、区域提供具体管控措施对策。

9.2.5 环境健康监测管理信息系统建设顶层设计不足,缺乏共享开放性

江苏省环境健康监测管理信息系统目前仅局限于对已有调查研究数据与成果的集成管理与利用,缺乏从环境健康管理工作全局性、长远性需求出发的顶层设计,数据库结构设计开放性不足,功能架构有待优化拓展。

目前环境健康领域工作仍以试点研究居多,平台用户面较窄,而且国内尚无类似的平台可以借鉴,所以在平台需求分析方面尚不够深入,平台功能建设目前还仅限于课题研究及相关试点监测工作中积累的需求,在环境健康相关性分析、健康风险评估等方面的功能有待深化细化。

因环境健康相关数据的敏感性,以及网络安全方面的要求,平台与相关系统的数据交换与共享机制尚未建立完善。另外,由于人群健康数据获取较为困难,环境健康监测工作尚未建立长期有效机制,也会影响平台的数据更新与持续运行。

9.2.6 环境健康监测和管理缺少跨部门有效协作机制

环境健康管理的职责定位还不清晰,环境健康管理主要涉及生态环境和卫生健康两个部门,但生态环境和卫生健康部门在环境健康管理中的工作界限不明,造成调查、监测和风险评估与管理脱节,以及相关工作协作难、数据共享难等问题。环境健康管理协作制度体系尚未建立,江苏省生态环境部门和卫生健康部门虽然分别积极参与了国家环境健康风险管理试点和国家环境健康风险评估试点,但尚未针对环境健康管理制定专门的法律法规政策文件,缺乏生态环境部内部横向和纵向管理机制,亟须完善部门间的环境健康管理协调机制。

9.3 展望

9.3.1 逐步构建和完善环境健康管理制度体系

制度建设是环境健康风险评估工作顺利实施的重要保证。江苏省环境健康制度建设仍处于起步阶段,应加大力度推动制度建设,建立健全环境健康风险评估的管理体制和运行机制。在江苏省生态环境保护规划、卫生健康规划等规划中纳入环境健康风险管理工作要求,明确具体任务和工作要求。推动《江苏省环境健康管理办法》发布实施,明确环境健康管理要求和职责分工。工作办法实施后,根据工作情况总结经验教训,探索研究环境健康风险管理的立法框架,逐步解决法规支撑相对薄弱问题。其次是制定环境健康风险管理规划,从顶层设计环境健康管理的对象、管理内容、责任主体、考核指标等。

制定江苏环境健康高风险行业污染物排放地方标准,加严高风险行业涉及的重点管控污染物的排放浓度限值。研究制定江苏省环境健康高风险区域、流域环境质量地方标准,加严或补充重点管控污染物浓度限值,为高风险区域、流域污染物总量控制提供依据。研究制定建设项目环境影响评价环境健康风险评估、区域和园区规划环境影响评价、环境健康风险评估、重点管控污染物环境监测和人体生物监测方法、环境污染物筛查方法等技术规范。鼓励行业协会、社会团体、企业在生态环境健康领域制定相关的行业标准、团体标准、企业标准,规范生态环境健康风险管理。

9.3.2 持续开展重点地区环境健康调查监测及风险评估

基于本项目研究基础,进一步开展重点流域、区域、行业环境健康调查监测及风险评估工作,完善流域、区域、重点地区等空间尺度较大范围的环境健康调查、风险评估及风险评估结论应用等方面的技术指南和规范,在实际应用中完善《环境与健康监测技术规范》《化学污染物环境健康风险评估技术导则》,最终形成科学合理又兼具江苏特色的通用性技术规范体系,为全国环境健康管理提供技术支撑。在实际中逐步摸清全省环境健康问题底数,确定环境健康风险敏感人群分布网络,定期开展环境健康监测及风险评估,在此基础上动态调整,形成全省环境健康风险监测网络,提升全省环境健康管理水平。

针对生态环境健康潜在高风险流域开展集中式生活饮用水水源地及其生活饮用水管网末梢水中潜在高风险污染物赋存水平调查。跟踪监测长江干流和太湖流域末梢水中砷和镍的浓度水平。开展环境健康流行病学调查,判别环境污染疾病高发区域及其致病污染物。逐步开展大气环境中苯系物等挥发性有机物(VOCs)、氨气、氮氧化物、二噁英、二氧化硫、一氧化碳、硫化物、氰化物、颗粒物(PM2.5,PM10)、甲醛、多环芳烃、镍、砷、镉、铅、汞、铬、六价铬赋存水平调查,开展水环境中苯酚、丙酮、萘、镍、砷、镉、铅、汞、铬、六价铬赋存水平调查。

基于生态环境健康风险筛查和潜在高风险区域、流域调查,有计划地开展生态环境健康潜在高风险区域、流域风险评估,判别评估区域内的生态环境健康风险是否可接受,确定需要进行风险管控的生态环境健康高风险区域、流域,识别需要管控的重点污染物及其行业企业。

9.3.3　构建生态环境健康综合监测体系

制定印发江苏省环境健康综合监测规划,落实环境健康综合监测方案,推动建设监测体系。整合优化现有生态环境质量监测点位,结合现有生态环境健康监测网络,统筹规划建设涵盖环境质量监测和健康影响监测的全省生态环境健康综合监测体系。在生态环境健康高风险区域、流域(尤其是敏感人群集聚区)补充设置监测点位,逐步增加重点管控污染物监测项目,跟踪监测掌握全省重点管控污染物环境赋存水平。优先开展长江干流、太湖主要饮用水水源地重点管控污染物试点监测。跟踪监测全省环境污染相关疾病的发病状况、集中发病区域分布以及病程发展变化趋势。针对生态环境健康高风险区域居住人群,定期监测人体内重点管控污染物及其代谢产物浓度水平。试点探索政府、科研机构、行业协会、企业多元参与的业务体系与工作机制。基于环境健康调查、监测和风险评估结果,动态更新环境健康综合监测范围、监测对象、监测指标、监测频次等信息。

9.3.4　推动"保障公众健康"理念融入生态环境管理政策体系

在省内选择县级及以上市(区)、典型工业园区、产业园区等率先在全国开展环境健康管理试点,积极研究将环境健康管理纳入"三线一单"、环境影响评价、排污许可、清洁生产等相关制度,推动环境健康风险评估融入生态环境管理,引导生态环境管理向"事前风险预防"转变。

将生态环境健康管理融入"三线一单"编制要求,合理设定高风险区域、流域的行业准入清单,逐步推动高风险区域、流域内化学原料和化学制品制造业、医药制造业、黑色金属冶炼和压延加工业、金属制品业、石油、煤炭及其他燃料加工业、纺织业、造纸和纸制品业、电力、热力生产和供应业等高风险行业准入要求,严格限制新建或扩建大量排放重点管控污染物的项目。

制修订环境影响评价法规政策,开展生态环境健康高风险行业新建和改扩建项目生态环境健康影响评价,落实企业生态环境健康风险管控主体责任。充分发挥园区规划环评刚性约束作用,开展生态环境健康高风险区域、流域内工业园区规划环评生态环境健康影响评价试点,将生态环境健康影响纳入规划环评。

基于调查监测和风险评估确定的环境健康高风险污染物,结合经济社会影响评价,适时限制和禁止部分物质的生产和使用,鼓励替代产品的研发、生产和使用,将符合重点管控污染物替代产品技术要求的企业纳入清洁原料替代正面清单,强化绿色替代品和替代技术的推广应用。持续推进化学原料和化学制品制造业、医药制造业、黑色金属冶炼和压延加工业、金属制品业、石油、煤炭及其他燃料加工业、纺织业、造纸和纸制品业、电力、热力生产和供应业等生态环境健康高风险行业清洁生产审核。

拓展现行排污许可污染物控制指标,制定生态环境健康高风险区域、流域污染物排放削减计划,逐步减少重点管控污染物的排放总量,直至生态环境健康风险水平可接受。开展典型化工园区排污许可试点,加严排污许可浓度限值和总量要求,逐步削减企业废气中氯化氢、硫化氢、苯、丙烯醛、乙苯、二氯甲烷、1,2-二氯乙烷等排放。

9.3.5 开展基于健康风险的新污染物防控理论与方法研究

加强环境健康管理与新污染物治理的衔接融合,以环境健康调查、监测、风险评价等为基础,发展基于健康风险的新型污染物防控理论与方法,以内分泌干扰物、抗生素类药物、全氟化合物及其他潜在持久性有机污染物等新污染物为对象,开展新污染物筛查、健康风险评估、控制、预警等的环境管理实践,进一步加强同属于新污染物的重点环境健康风险因子监测方法标准研发和能力建设,建立完善评估数据库,为相关部门加强源头管控、防范新污染物产生、强化全过程风险管控、深化末端治理、降低新污染物环境风险以及减少使用和排放等新污染物治理行动提供技术支撑。

9.3.6　加强农药行业环境健康调查和风险研究

在项目研究基础上,完善农药污染物排放标准体系,系统了解我省农药生产企业污染治理状况、污染物排放情况、企业周边人群分布情况,关注高危害农药生产带来的点源污染问题,继续开展与人体健康关系密切的特征污染物监测,并联合江苏省疾控部门开展人群健康监测,筛选环境健康高风险点位,绘制我省农药制造行业环境健康风险分布地图,在此基础上逐渐扩大对高危害农药的监测范围,为我省农药优化产业布局、调整产品结构、推行绿色清洁生产提供技术支撑。

9.3.7　建立非靶向检测技术标准规范、扩大质谱检索数据库

尽快研究建立非靶向检测技术规范或标准,在样品前处理、仪器分析、谱库检索等各环节提出统一尺度的实验操作、数据处理和分析、结果评价、质量控制等规范性要求,提高检测结果的可靠性和可比性;加强新污染物标准样品的研制,尽可能扩大质谱检索数据库;尽可能对监测点位周边污染进行详细的预调查,大致了解可能的主要污染物,以便设定更为科学的前处理方法和检测方法,保证检测结果评价的科学性。

9.3.8　建设环境健康资源共享管理平台

根据环境健康管理发展需求,加强平台顶层设计,提升数据库结构开放性,构建涵盖大气、水、土壤、人体、生物监测等跨部门信息资源,完善优化平台整体功能架构。

在持续开展环境健康监测与风险评估相关工作的基础上,强化与管理部门的对接,加强调研交流,积累细化环境健康数据信息利用需求,挖掘环境健康数据相关性,强化风险评估分析手段,丰富信息表征形式,提升平台实用性、易用性。

在确保数据安全的基础上,依托省生态环境厅大数据平台,建立完善环境健康数据交换与共享机制,保障平台相关数据及时有效更新,同时加强与疾控部门和相关研究机构的沟通合作,及时获取人群健康等相关数据,为环境健康风险评估提供有效数据支撑。

9.3.9　组建环境健康联合实验室,夯实管理技术水平

基于江苏省环境健康重点实验室建设成效,整合全省科研资源,在完善生态环境健康研究方向布局,联合卫生健康部门设立生态环境健康研究联合实验室,在"新方法新技术研发、环境健康综合监测调查、环境健康风险评估、生物健康与生物毒理研究、环境健康风险应急监测"等方面,继续提升核心研究能力。围绕环境暴露调查、生物监测以及人群环境暴露行为模式,跟踪研究环境健康重大事件及焦点问题,深入推动与卫生疾控等部门的合作,联合高校、科研院所、科技创新企业等力量,成立生态环境健康风险评估专家委员会。

重视环境健康管理人才培养,建立一支稳定的专业技术队伍和专业管理人才。从省级层面设立生态环境健康研发专项,提升生态环境健康管理能力。针对生态环境健康基础理论需求和关键科学问题,重点突破一批监测、溯源、筛查、评估等关键共性方法,集中攻克一批重点管控污染物减排、污染治理等关键创新技术,为环境健康管理提供技术支撑。

重视基层环境健康管理人才培养,组织开展持续性、针对性、高水平的培训和进修,定期举办生态环境健康调查、监测和风险评估业务培训,持续开展生态环境健康风险管理培训工作,在生态环境系统各级部门中有目的、有意识地培养一批业务能力强、专业知识丰富的科技人才,着力解决江苏省未来可能面临的环境健康突出问题。

参考文献

江苏省人民政府办公厅. 省政府办公厅关于印发江苏省"十四五"生态环境保护规划的通知[EB/OL]. (2021-09-28)[2023-08-20]. http://www.js.gov.cn/art/2022/1/21/art_64797_10324281.html.

屈小娥. 1990—2009 年中国省际环境污染综合评价[J]. 中国人口、资源与环境,2012,22(5):158-163.

廖琴,曾静静,曲建升. 国外环境与健康发展战略计划及其启示[J]. 环境与健康杂志,2014(7):635-639.

万里. 环境法视野下的公共健康保护研究[D]. 南京:南京大学,2013.

李潍,于相毅,史薇,等. 欧盟健康风险评估技术概述[J]. 生态毒理学报,2019,14(4):43-53.

周林军,张芹,石利利. 欧盟优先水污染物与环境质量标准制定及其对我国的借鉴作用[J]. 环境监控与预警,2019,11(1):1-9.

Katsouyanni K, Touloumi G, Samoli E, et al. Confounding and effect modification in the short-term effects of ambient particles on total mortality: results from 29 European cities within the APHEA2 project[J]. Epidemiology, 2001,12(5): 521-531.

黄炳昭,韦正峥,蒋玉丹,等. 我国生态环境部门环境与健康管理现状及展望初探[J]. 环境与可持续发展,2019, 44(5): 5-8.

魏婧,王乃亮,陶伟,等. 浅析我国环境与健康管理政策[J]. 中国标准化,2019(20):233-234.

李湉湉. 全面推进环境健康风险评估制度建设[J]. 环境与健康杂志,2019,36(12):1035-1036.

环境与健康相关产品安全所. 施小明委员:"十三五"期间环境与健康工作成就[EB/OL]. (2021-03-10)[2021-08-24]. http://iehs. chinacdc. cn/gzdt/202103/t20210310_224574. html.

张翼,王情,王苏玮,等. 国外环境健康风险评估指南体系调研[J]. 环境与健康杂志,2019,36(12):1042-1046.

郑和辉,王情,程义斌. 环境健康风险评估标准化研究[J]. 中国公共卫生管理,2021,37(2):229-232.

张衍燊,徐伟攀,只艳,等.我国环境健康风险评估技术规范体系初探[J].环境与可持续发展,2019,44(5):15-17.

杨彦,陈浩佳,刘程成. 我国环境健康风险评估发展进程[J]. 环境与健康杂志,2020,37(7):653-658.

韦正峥,王建生,张淑杰,等.2013年我国环境与健康事件网络舆情分析[J].环境与健康杂志,2014,31(9):825-827.

周桔.大气环境污染的健康效应研究回顾[J].中国科学院院刊,2013,28(3):371-377.

谢鹏,刘晓云,刘兆荣.珠江三角洲地区大气污染对人群健康的影响[J].中国环境科学,2010,30(7):997-1003.

张秉玲,牛静萍,曹娟.兰州市大气污染与居民健康效应的时间序列研究[J].环境卫生学,2011,1(2):1-6.

樊乃根.中国水环境污染对人体健康影响的研究现状(综述)[J].中国城乡企业卫生,2014(1):116-118.

Harrison E, Paterson G, Holden M, et al. Whole genome sequencing identifies zoonotic transmission of MRSA isolates with the novel mecA homologue mecC [J]. EMBOMOLMED, 2013,5:509-515.

郭辰,王先良,吕占禄,等.环境健康传导链—认识区域环境健康问题的关键[J].中国环境科学,2015,35(4):1261-1265.

杨洁,毕军,李其亮,等.区域环境风险区划理论与方法研究[J].环境科学研究,2006,19(4):132-137.

刘桂友,徐琳瑜. 一种区域环境风险评价方法——信息扩散法[J]. 环境科学学报,2007, 27(9):8.

曲常胜,毕军,黄蕾,等.我国区域环境风险动态综合评价研究[J].北京大学学报(自然科学版),2010,46(3):477-482.

兰冬东,刘仁志,曾维华.区域环境污染事件风险分区技术及其应用[J].应用基础与工程科学学报,2009,17(S1):82-91.

曾维华.多尺度突发环境污染事故风险区划[M].科学出版社,2013.

韩天旭.环境铅、镉污染健康风险评价指标体系的构建及实证研究[D].武汉:华中科技大学,2012.

程红光.重金属环境健康风险重点防控区划分及分级技术研究[M].中国环境出版社,2016.

DOMINICI F, PENG R D, BELL M L, et al. Fine particulate air pollution and hospital admission for cardiovascular and respiratory diseases [J]. Jama the Journal of the American Medical Association, 2006, 295(10): 1127.

ARDEN C, TURNER M C, BURNETT R T, et al. Relationships between fine particulate air pollution, cardiometabolic disorders, and cardiovascular mortality [J]. Circulation research: a journal of the American Heart Association, 2015,116(1):108-115.

SHI L, ZANOBETTI A, KLOOG I, et al. Low-Concentration $PM_{2.5}$ and mortality: Estimating acute and chronic effects in a population-based study [J]. Environmental Health Perspectives, 2016,124:46-52.

JAWED, AKHTAR, ANSARI, et al. Preventing disease through healthy environments-a global assessment of the burden of disease from environmental risks [J]. Hydroresearch, 2019.

BAI R, LAM J, LI V. A review on health cost accounting of air pollution in China [J]. Environment international, 2018, 120(11): 279-294.

陶庄,杨功焕.环境因子对人群健康影响的测量与评估方法[J].环境与健康杂志,2010,27(4):342-346.

胡佳,叶临湘,王琳,等.基于中国居民疾病发病和死亡情况的环境重金属污染健康风险评估标准探讨[J].中国社会医学杂志,2014,31(6):428-431.

只艳,徐伟攀,於方,张衍燊.《生态环境健康风险评估技术指南总纲》(HJ 1111—2020)解读[J].环境监控与预警,2021,13(5):71-74.

HUANG J, LI F, ZENG G, et al. Integrating hierarchical bioavailability and population distribution into potential eco-risk assessment of heavy metals in road dust: A case study in Xiandao District, Changsha city, China [J]. Science of the Total Environment, 2015, 541: 969.

YANG X, DUAN J, WANG L, et al. Heavy metal pollution and health risk assessment in the Wei River in China [J]. Environmental Monitoring and Assessment, 2015, 187(3):111.1.

杜艳君,班婕,孙庆华,等.《化学物质环境健康风险评估技术指南》解读[J].山东大学学报(医学版),2021,59(12):20-23.

张涛,胡冠九,邓爱萍,等.建立省级环境与健康调查及风险评估体系研究思路——以江苏省探索实践为例[J].环境监控与预警,2021,13(5):24-30.

张衍燊,只艳,窦妍,等.关于建立健全我国环境健康风险评估制度的思考[J].环境监控与预警,2021,13(5):1-7.

段小丽.暴露参数的研究方法及其在环境健康风险评价中应用[J].新疆农业科学,2012,49(2):346.

QU C, SUN K, WANG S, et al. Monte Carlo Simulation-Based Health Risk Assessment of Heavy Metal Soil Pollution: A Case Study in the Qixia Mining Area, China [J]. Human & Ecological Risk Assessment An Internat-ional Joumal, 2012, 18(4-6):733-750.

段培法,孙雪,张璇,等.江苏省大气污染物健康风险评价[J].气象与环境科学,2021,44(2):87-95.

钟梦婷.西安市大气污染物暴露健康风险与健康效应评价[D].西安:西安建筑科技大学,2017.

HIND S, ALLEN R W, ALLAN B, et al. Perinatal Exposure to Traffic-Related Air Pollution and Atopy at 1 Year of Age in a Multi-Center Canadian Birth Cohort Study [J]. Environmental Health Perspectives, 2015, 123: 902-908.

高继军,张力平,黄圣彪,等.北京市饮用水源水重金属污染物健康风险的初步评价[J].环境科学,2004,25(2):47-50.

韩冰,何江涛,陈鸿汉,等.地下水有机污染人体健康风险评价初探[J].地学前缘,2006,(1):224-229.

吴健,王敏,张辉鹏,等.复垦工业场地土壤和周边河道沉积物重金属污染及潜在生态风险[J].环境科学,2018,39(12):8.

戴彬,吕建树,战金成,等.山东省典型工业城市土壤重金属来源、空间分布及潜在生态风险评价[J].环境科学,2015,36(2):507-515.

EMERGENCY E P A O O, RESPONSE. R. Risk Assessment Guidance for Superfund (RAGS) Part A [J]. Saúde Pública, 1989, 804(7): 636-640.

LAIDLAW M A S, GORDON C, TAYLOR M P, et al. Estimates of potential childhood lead exposure from contaminated soil using the USEPA IEUBK model in Melbourne, Australia [J]. Environmental Geochemistry and Health, 2018, 40(6): 2785-2793.

POGGIO L, VRSCAJ B. A GIS-based human health risk assessment for urban green space planning—An example from Grugliasco (Italy) [J]. Science of the Total Environment，2009，407(23)：5961-5970.

王夏晖. 大数据：场地污染智能识别与风险精准管控驱动力［J］. 环境保护，2019，47(13)：14-16.

LI Z, LI H. Research progress on heavy metal pollution and risk assessment methods for sites［J］. Environmental Pollution & Control，2021，43(9)：1201.

王永杰,贾东红. 健康风险评价中的不确定性分析［J］. 环境工程,2003,21(6):66-69.

杜宗豪,班婕,张翼,等. 我国环境健康综合监测指标体系建立的初步研究［J］. 环境与健康杂志,2016,33(11):988-992.

SCHMIDT F, MARX-STOELTING P, HAIDER W, et al. Combination effects of azole fungicides in male rats in a broad dose range［J］. Toxicology，2016，355-356：54-63.

YOGENDRAIAH MATADHA N, MOHAPATRA S, SIDDAMALLAIAH L. Distribution of fluopyram and tebuconazole in pomegranate tissues and their risk assessment［J］. Food Chemistry，2021，358：129909.

KANDEL Y R, HUNT C L, KYVERYGA P M, et al. Differences in Small Plot and On-Farm Trials for Yield Response to Foliar Fungicide in Soybean［J］. Plant Disease，2018，102(1)：140-145.

TONI C, FERREIRA D, KREUTZ L C, et al. Assessment of oxidative stress and metabolic changes in common carp (Cyprinus carpio) acutely exposed to different concentrations of the fungicide tebuconazole［J］. Chemosphere，2011，83(4)：579-584.

JUDSON R S, KAVLOCK R J, SETZER R W, et al. Estimating toxicity-related biological pathway altering doses for high-throughput chemical risk assessment［J］. Chemical Research in Toxicology，2011，24(4)：451-462.

CROWELL S R, HENDERSON W M, KENNEKE J F, et al. Development and application of a physiologically based pharmacokinetic model for triadimefon and its metabolite triadimenol in rats and humans［J］. Toxicol Lett，2011，205(2)：154-162.

PELEKIS M, EMOND C. Physiological modeling and derivation of the rat to human toxicokinetic uncertainty factor for the carbamate pesticide aldicarb［J］. Environmental Toxicology and Pharmacology，2009，28(2)：179-191.

TAMURA K, INOUE K, TAKAHASHI M, et al. Involvement of constitutive androstane receptor in liver hypertrophy and liver tumor development induced by triazole fungicides［J］. Food and chemical toxicology：An International Journal Published for the British Industrial Biological Research Association，2015，78：86-95.

TIMCHALK C, POET T S. Development of a physiologically based pharmacokinetic

203

and pharmacodynamic model to determine dosimetry and cholinesterase inhibition for a binary mixture of chlorpyrifos and diazinon in the rat [J]. Neurotoxicology, 2008, 29(3): 428 -443.

JACOBSEN P R, AXELSTAD M, BOBERG J, et al. Persistent developmental toxicity in rat offspring after low dose exposure to a mixture of endocrine disrupting pesticides [J]. Reproductive Toxicology (Elmsford, NY), 2012, 34(2): 237-250.

ZHANG Z, GAO B, HE Z, et al. Enantioselective metabolism of four chiral triazole fungicides in rat liver microsomes [J]. Chemosphere, 2019, 224: 77-84.

TIAN S, TENG M, MENG Z, et al. Toxicity effects in zebrafish embryos (Danio rerio) induced by prothioconazole [J]. Environmental Pollution (Barking, Essex : 1987), 2019, 255(Pt 2): 113269.

DRASKAU M K, BOBERG J, TAXVIG C, et al. In vitro and in vivo endocrine disrupting effects of the azole fungicides triticonazole and flusilazole [J]. Environmental Pollution (Barking, Essex : 1987), 2019, 255(Pt 2): 113309.

TENG M, ZHAO F, ZHOU Y, et al. Effect of propiconazole on the lipid metabolism of zebrafish embryos (Danio rerio) [J]. Journal of Agricultural and Food Chemistry, 2019, 67(16): 4623-4631.

ORSI L, DELABRE L, MONNEREAU A, et al. Occupational exposure to pesticides and lymphoid neoplasms among men: results of a French case-control study [J]. Occupational and Environmental Medicine, 2009, 66(5): 291-298.

CUI K, WU X, ZHANG Y, et al. Cumulative risk assessment of dietary exposure to triazole fungicides from 13 daily-consumed foods in China [J]. Environmental Pollution (Barking, Essex : 1987), 2021, 286: 117550.

BEN OTHM NE Y, HAMDI H, ANNABI E, et al. Tebuconazole induced cardiotoxicity in male adult rat [J]. Food and chemical toxicology : an international journal published for the British Industrial Biological Research Association, 2020, 137: 111134.

YANG J D, LIU S H, LIAO M H, et al. Effects of tebuconazole on cytochrome P450 enzymes, oxidative stress, and endocrine disruption in male rats [J]. Enviromental Toxicology, 2018, 33(7/8):899-907.

HYUK CHEOL KWON H S, DO HYUN KIM. In vitro and in vivo study on the toxic effects of propiconazole fungicide in the pathogenesis of liver fibrosis [J]. Journal of Agricultural and Food Chemistry, 2021, 69(26):7399-7408.

COSTA N O, VIEIRA M L, SGARIONI V, et al. Evaluation of the reproductive toxicity of fungicide propiconazole in male rats [J]. Toxicology, 2015, 335: 55-61.

江苏省生态环境厅.2016—2020 江苏省生态环境质量报告[M].南京:河海大学出版社,2020.

夏芬美,李红,李金娟,等.北京市东北城区夏季环境空气中苯系物的污染特征与健康风险评价[J].生态毒理学报,2014,9(6):1041-1052.

杨婷,李丹丹,单玄龙,等.北京市典型城区环境空气中苯系物的污染特征、来源分析与健康风险评价[J].生态毒理学报,2017,12(5):79-97.

李筱翠.吉林省某化工园区空气挥发性有机物污染对人群健康影响及肝毒性作用研究[D].长春:吉林大学,2020.

戴文.合肥市中心城区环境空气中卤代烃的污染特征与健康风险评价[D].合肥:安徽农业大学,2016.

马静.废弃电子电器拆解地环境中持久性有毒卤代烃的分布特征及对人体暴露的评估[D].上海:上海交通大学,2009.